・●令和版●・

プロの音 プロの技

ホームスタジオ制作する人みんなが知っておきたい基礎知識

永野光浩 著

Stylenote

●本書で使用する動画、オーディオファイルについて

本書では、実際に目や耳で確認しながら読み進められるように、動画やオーディオファイルを用意した。これらのファイルはすべて、下記アドレスから視聴が可能だ。本文中の▶、聴いてみようマークなどを目印に、視聴してほしい。

https://www.stylenote.co.jp/0178

※ 視聴できない場合は、別のブラウザをお試しください。
たとえば、InternetExplorer で視聴できない場合は、Google Chrome、Firefox など、他のブラウザでお試しください。

まえがき

録音専用スタジオを使って、プロのアレンジによる作品をレコーディングすればクオリティの高い作品ができる。これは当たり前だ。しかし、考えてみればいったい何が違うのだろう。自宅録音でクオリティを上げる方法はないのだろうか。プロのアレンジャーはどんなスキルをもっているのだろうか。今の時代、プロもアマチュアも使用機器に大きな違いはないように思える。

本書は、これまで私が制作環境とアレンジの両面にわたって実践してきたクオリティ・アップのノウハウを解説した本だ。高いスタジオ料金を払わなくても、さまざまなアイデアを駆使すれば、自宅でもじゅうぶんにクオリティを上げることができる。本書の前身となる『新・プロの音プロの技〜自宅録音派なら誰でも知っておきたい基礎知識〜』の〝まえがき〟の最後に次のように書いた。

要は、私たち自宅録音派には、〝できることは何でもやってみる〟の精神が必要なのだ。それを1つひとつ紹介していくのが、本書の目的だ。それぞれはほんの小さなことかもしれないが、「ちりも積もれば山となる」だ。

この考え方は本書でもそのままである。

第1章が環境編。電源のこと、ケーブルのことを中心に良い音を出すためのノウハウを解説している。お金をかけずに今すぐにクオリティを上げられる項目もあるが、費用のかかる項目もある。全部を一度にクリアする必要はなく、はじめやすいところからはじめればいい。

第2章がアレンジ編。アレンジをする際にはどのようなことに気をつけなければならないかを中心に解説している。シーケンスソフトを使った解説が中心となるが、ご自身で楽器を演奏する際にもじゅうぶん参考になると思う。

第3章がサウンドメイキング編。そもそも音とはどういうものか。それを知ることがシンセサイザーやソフト音源の編集には不可欠であり、ミキシングの考え方の基盤になる。それを順を追って解説している。

Contents

第2章　アレンジ編

第3章　サウンドメイキング編

第1章　環境編

電源プラグには適正な向きがある

コンセントに差し込む際、電源プラグには適正な向きがある。反対に差しても機器は動作するし、もちろん壊れることもないが、ノイズのもとになることがある。機器のパフォーマンスを最大限に活かすという点からも、正しい向きで差し込んだほうがいい。

では、正しい向きをどうやって判別するのだろうか。壁のコンセント、電源プラグの順に見てみよう。

次の写真を見てみよう。

これはどの家の壁にもあるコンセントだが、差し込み口をよく見ると左側のほうが長くなっているのがわかる。この長くなっているほうは〝アース側〟といって、電線を通じて地面（地球）につながっている。一方、短いほうは〝ホット側〟といって、１００Ｖの電気はこのホット側からやってきている。原理的にいえばアース側に触れても感電しないはずだが、私は怖いので触ったことはない。

〝アース側〟、〝ホット側〟と書いたが、実際にはいろいろな呼び方があるようだ。本書では溝の長いほうをＮ（ニュートラルの意味）、短いほうをＬ（ライブの意味。電気がきている）と呼ぶことにする（左上図参照）。

最近の電源タップには、写真のように片側にＮと記されているものも見かける。

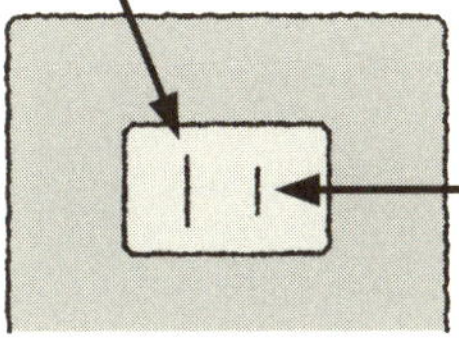

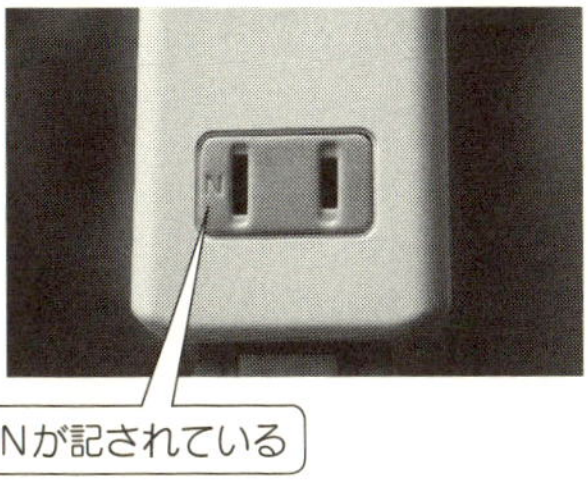

では、プラグ側を見てみよう。

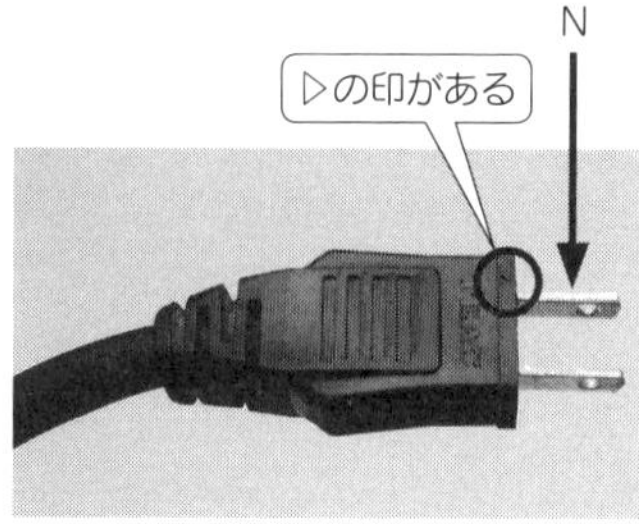

プラグを見ると、端子のつけ根に▷の印があるのがわかる。これが〝N〟を示しているので、これをコンセントの〝N〟へ差すのが正しい向きとなる。▷の印以外にも製造メーカー名などの文字が印刷されていたり、コードの片側に白い線が引かれていたりと、アース側を示す方法はさまざまある。また、機器の取扱説明書に〝N〟側の見分け方が記載されていることもある。

基本は以上であるが、実際にはいろいろと問題がある。

まず、壁のコンセントだが、NとLが反対に配線されている、つまり溝の長いほうに電気がきてしまっている場合がある。これは明らかな工事ミスだ。自宅のコンセントが正しく配線されているかどうかを調べるには、写真のような検電器が必要だ。

▼検電器

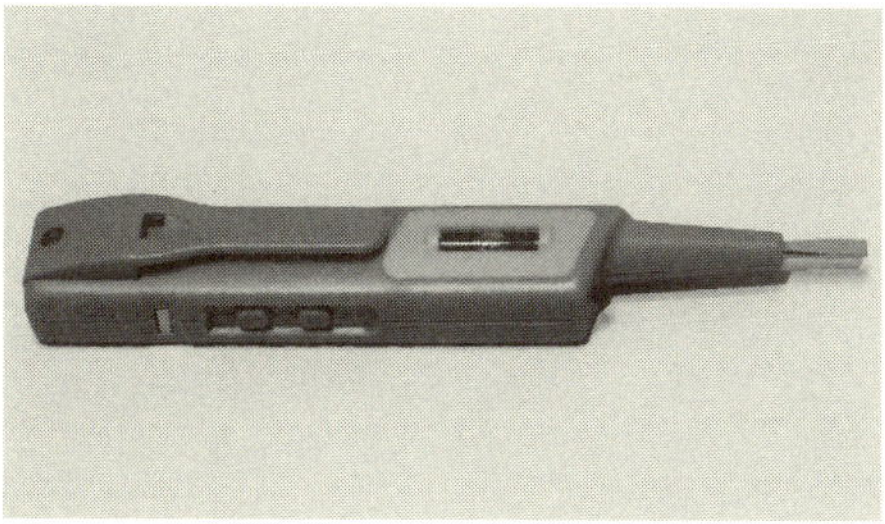

実際の使い方はそれぞれの検電器の取扱説明書を読む必要があるが、先端をコンセントの片側に差し込んで、ブザーが鳴るほうが電気がきている側、〝L〟側だ。つまり、溝の短いほうに差し込んだときにブザーが鳴れば、正しく配線されていることになる。検電器はネット通販でも購入が可能で、数百円～千円くらいが相場だ。

ただし、もし、逆に配線されていることがわかっても、自分でコンセントカバーをはずして電線をつなぎなおそうとしてはいけない。こういった電気工事は資格をもった人でなければおこなえない。もし、運悪くこういうコンセントであることがわかっても、プラグを逆向きに、つまりプラグのN側を壁コンセントの溝の短いほう（L側）へ差し込めばいいので、わざわざ専門業者を呼んで正しく配線しなおしてもらう必要はない。

これで壁のコンセントの問題は解決だ。

一方、プラグ側は厄介な問題を抱えている。前述のように基本的には何らかの印があるほうがN側を示しているが、何の印も見当たらない場合もあるし、以前私が使った機器のなかに、〝印がついているほうがL側〟というものもあった。つまり、取扱説明書にきちんと書かれている場合を除いて、印はあてにはならないのだ。

それではお手上げかというと、次に紹介するようなテスターを使えば正しく接続することができる。

写真ⓐは、私が以前から使っているテスターだ。最近のテスターにはもっとコンパクトなものもあるが、このテスターは針の触れが大きくてわかりやすく、使いやすい。というのも、次に説明する手順で針の触れ具合を見比べるのだが、多くの場合、針の触れ方はとてもわずかで判読するのがとても困難だ。そういう状況ではテスターは小さなものより、少し大きめのもののほうが見やすい。

最近はデジタルテスターが主流となっている（**写真ⓑ**）。針ではなくデジタルで数値が表示されるので、小さな値も読み取りやすい。これから購入するのであればデジタルテスターのほうがいいだろう。手順④のところでレンジを選ぶ必要がない（自動で判別される）だけで、使い方は同じだ。

写真ⓐ　テスター

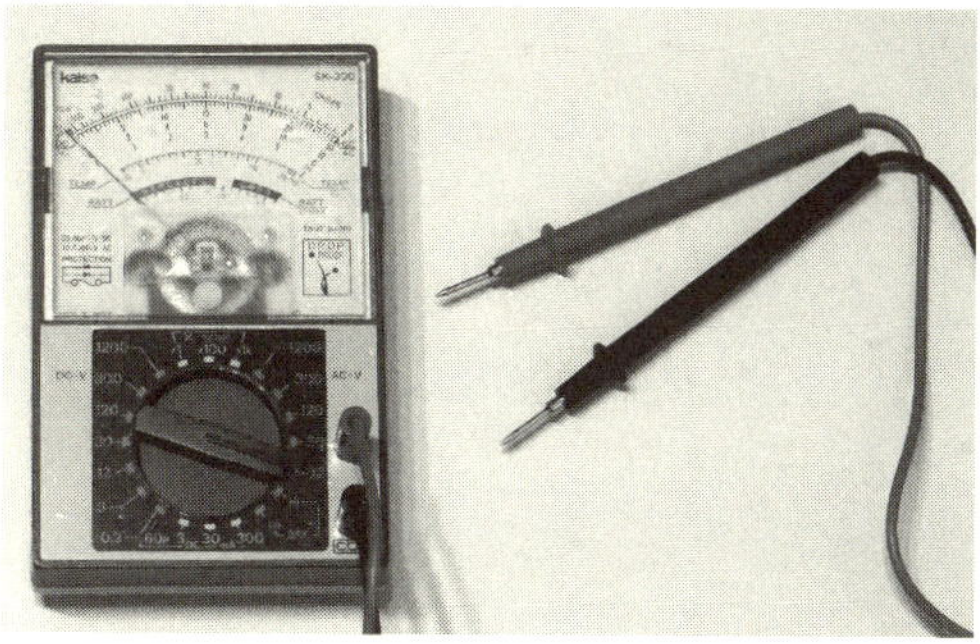

これは私が以前から使っているアナログ式のテスターだ

写真ⓑ　デジタルテスター

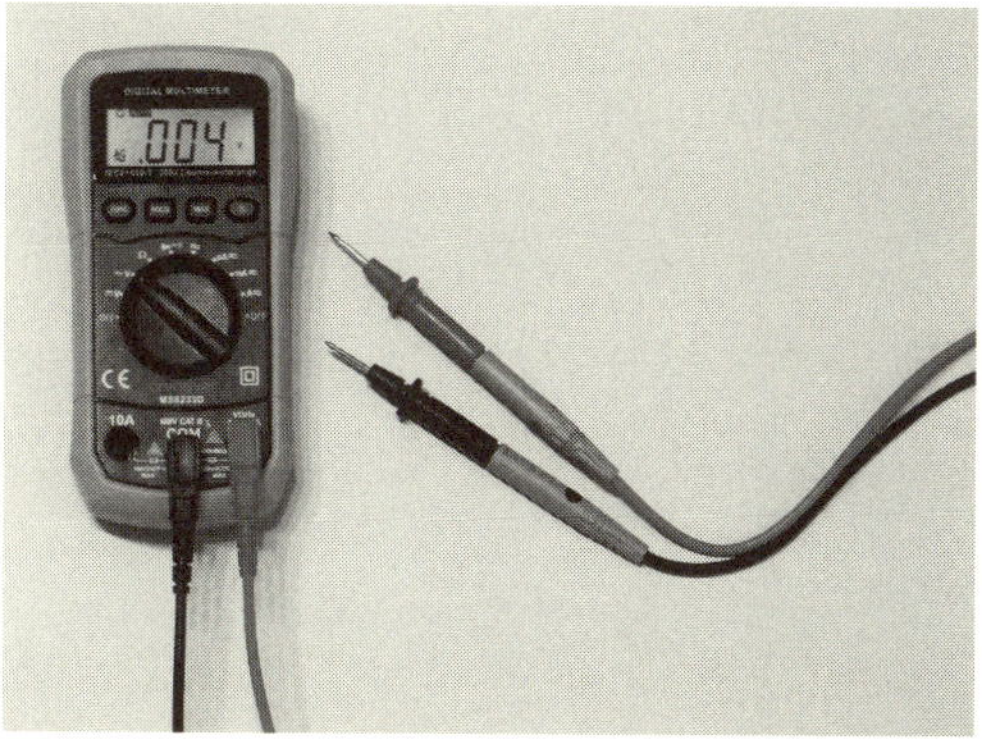

手順①

すべての機器の電源コードをコンセントから抜いておく。

手順②

機器につながれた電源コード以外のケーブルをすべてはずす。たとえば、ミキサーをチェックするときには、オーディオケーブルやUSBケーブルなどのケーブル類をすべて抜いておかなければならない。

手順③

プラグを壁のコンセントに差し込んで電源を入れる。差し込む向きはどちらでもいい。

手順④

テスターのダイヤルは〝AC〟のなかの一番小さいレンジにあわせる。前ページ**写真ⓐ**のテスターではAC－Vの〝12〟というレンジにダイヤルをあわせている。

デジタルテスターの場合、レンジは自動でセットされる。

手順⑤

テスターにつないだ赤と黒のコード（赤と黒はどちらでもいい）の片方の先端を手で握り、もう片方の先端は機器についているネジなど、金属製の部分に当てる。握り方はしっかりと。そっと触ったのでは値が一定しないのでわかりにくい。ビリビリと感電することはないので安心してほしい。

手順⑥

わずかであるが針が振れるので、どのくらい触れたかを覚えておく。

手順⑦

今度はプラグを反対に差し込んで、先ほどの触れ具合と比べる。針の振れが小さかったほうが正しい向きでつないだ状態だ。

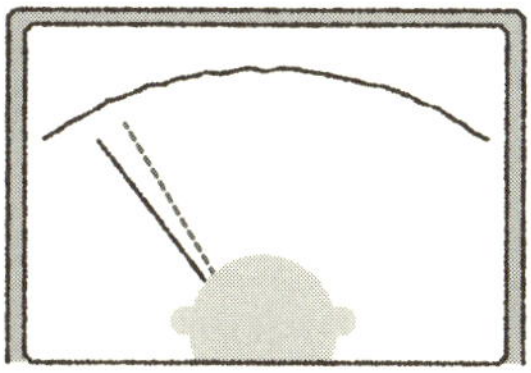

テスターの針の振れが小さいほうが正しい向きでつないだ状態だ

手順⑧

プラグを抜いてＮ側に印をつけておく。私は１００円ショップで買ったシールを貼っている。

手順⑨

同様の手順で使うすべての機器で、プラグのＮ側を調べてそのつど印をつける。すべての機器を調べ終えたら、印を頼りに機器を再接続すれば終了だ。

電源プラグをつなぐ際は、端子に手の脂がつかないように注意しよう！

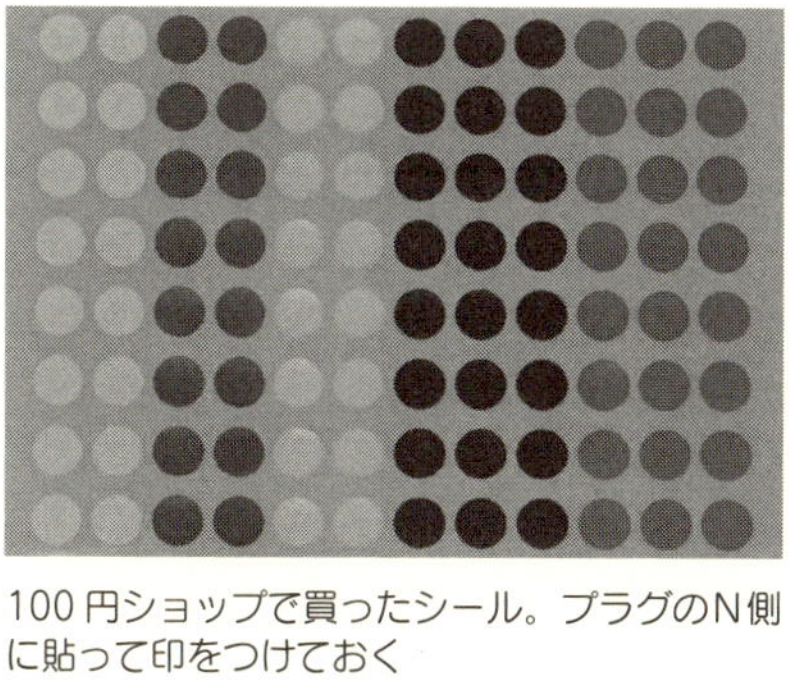

100 円ショップで買ったシール。プラグのＮ側に貼って印をつけておく

電源タップを使う場合でも考え方は同じだ。壁のコンセントのN側が電源タップのコンセントのN側になるように電源タップをつなげばいい。もし、電源タップ内の接続がわからなければ、テスターを使えば接続がわかる。（下図参照）

3極電源プラグについて

以前は海外製の電気製品やパソコンに見られるだけで、国内製のものには見かけることが少なかった3極電源プラグだが、最近では国内製の電気製品にも見られるようになった。この本を書きはじめる少し前に新調したヤマハの電子ピアノの電源プラグも3極になっていた。次ページ**写真ⓐ**が3極電源プラグの写真だ。

〝N〟と〝L〟に加えて〝E（アース）〟が加わって3極

▼電源タップを使う場合

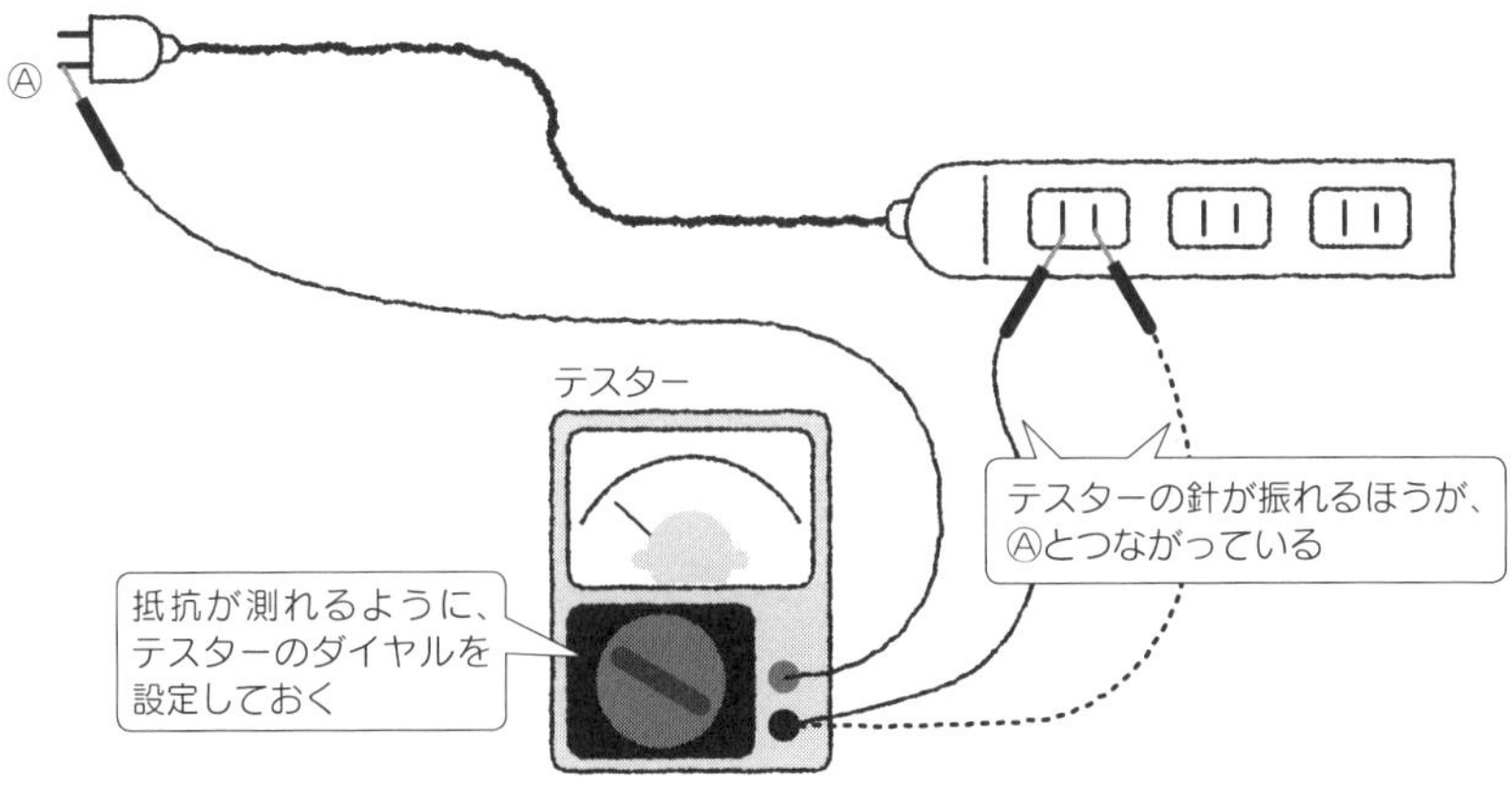
Ⓐ
テスター
テスターの針が振れるほうが、
Ⓐとつながっている
抵抗が測れるように、
テスターのダイヤルを
設定しておく

となっている。コンセントの溝の長いほうもアース（11ページ）だが、これらはアースの仕組みが違うらしい。もともとは、何らかの問題が起きたときに機器を守ったり感電するのを防いだりすることが目的だが、名称や仕組みはさておき、これらのアースをしっかり取る（アースを接続することを〝アースを取るという〟）ことが良い音につながるということは、以前からオーディオの世界ではいわれてきたことだ。運良くご自宅の壁のコンセントが**写真ⓑ**のような形状であったら、わざわざアダプターを使って２極にしないで、３極のままつなごう。

写真ⓐ　３極電源プラグ

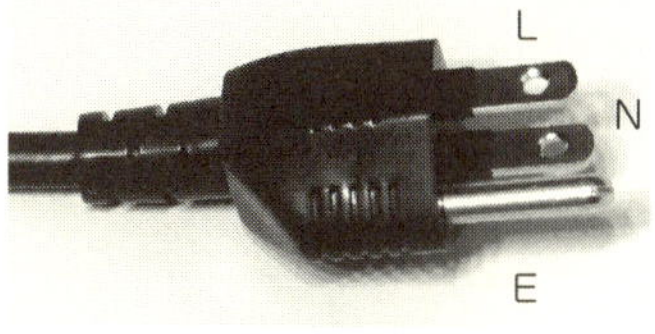
L
N
E

写真ⓑ

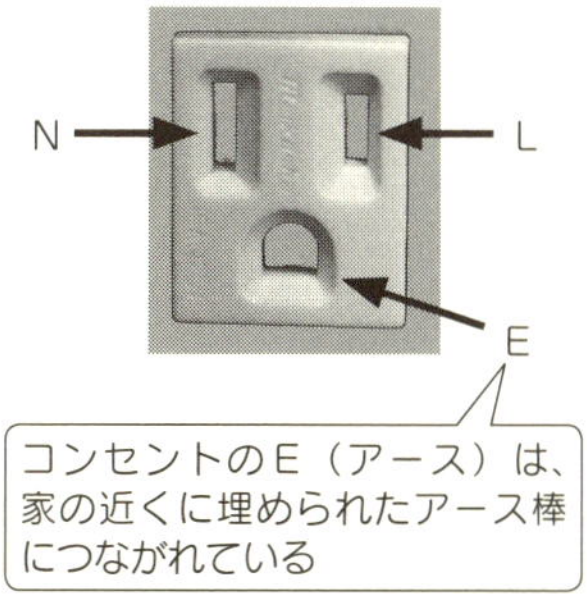
N
L
E
コンセントのＥ（アース）は、家の近くに埋められたアース棒につながれている

実際に差し込んでみるとわかるが、３極の場合、壁のコンセントの工事が正しくおこなわれてさえいれば、差し込む向きを考えなくてもＮ、Ｌ、Ｅが正しくつながれる。

壁のコンセントが次の写真のような形状の場合も、アダプターを使えば接続可能だ。

▼アダプター

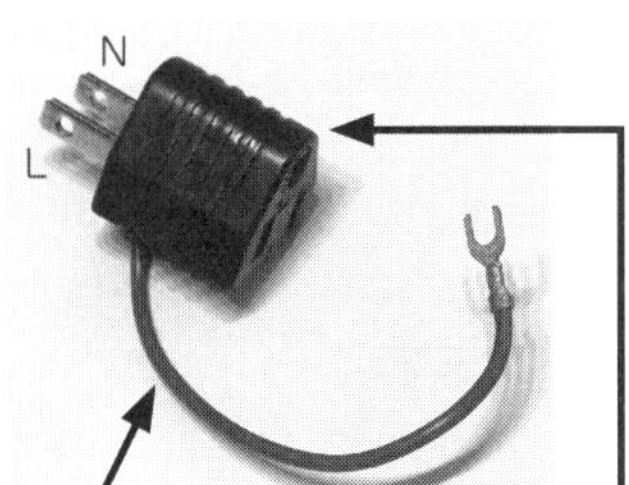

延びている線をコンセントの
⬅部分にネジ止めする

プラグのこの山形（アース）が下を向くようにコンセントに差し込むと、プラグとコンセントのNが一致する。

ここまでの方法はテスターや変換プラグなどの数千円の費用ですむが、次の２００V電源化とその次の安定化電源の導入はかなりの出費となる。私自身も年月をかけて段階的に導入してきた。

２００Ｖ電源導入

部屋のなかにはいくつかのコンセントがあるだろう。これらはどこかでまとめられて、家のなかの分電盤にあるブレーカーの１つにつながれている。通常、エアコンなど大容量の電気を使うものには、専用のブレーカーが設けられている。運良く独立したコンセント（ブレーカーとコンセントが１対１のもの）があれば、電気工事の専門業者に連絡してそれを２００Ｖに替え、さらに解説ダウントランスを使って１００Ｖに落としてから機器につなげば電源環境はいっそう良くなる。

イメージは次ページ図のとおり。

部屋の壁のコンセントと分電盤の間を２００Ｖにすることで、ノイズを拾いにくくするのがこのシステムの特徴だ。〝２００Ｖ＝音が良い〟ではない。

電気工事の費用は業者によってまちまちで、１～３、４万くらいではないだろうか。コンセントの形状が変わるのでコンセント代もかかるし、ブレーカーを取り替えなければならないこともある。また、３極電源プラグのところで書いたアース極を確実に機能させるために、アース線工事が必要となる可能性もある。電気工事の専門業者に工事代金を問い合わせても「一度現場

解説　ダウントランス

電圧を変更する変圧器のことを〝トランス〟という。２００Ｖの電圧を１００Ｖに降圧するので、〝ダウントランス〟という。

▼ 200V 電源を導入

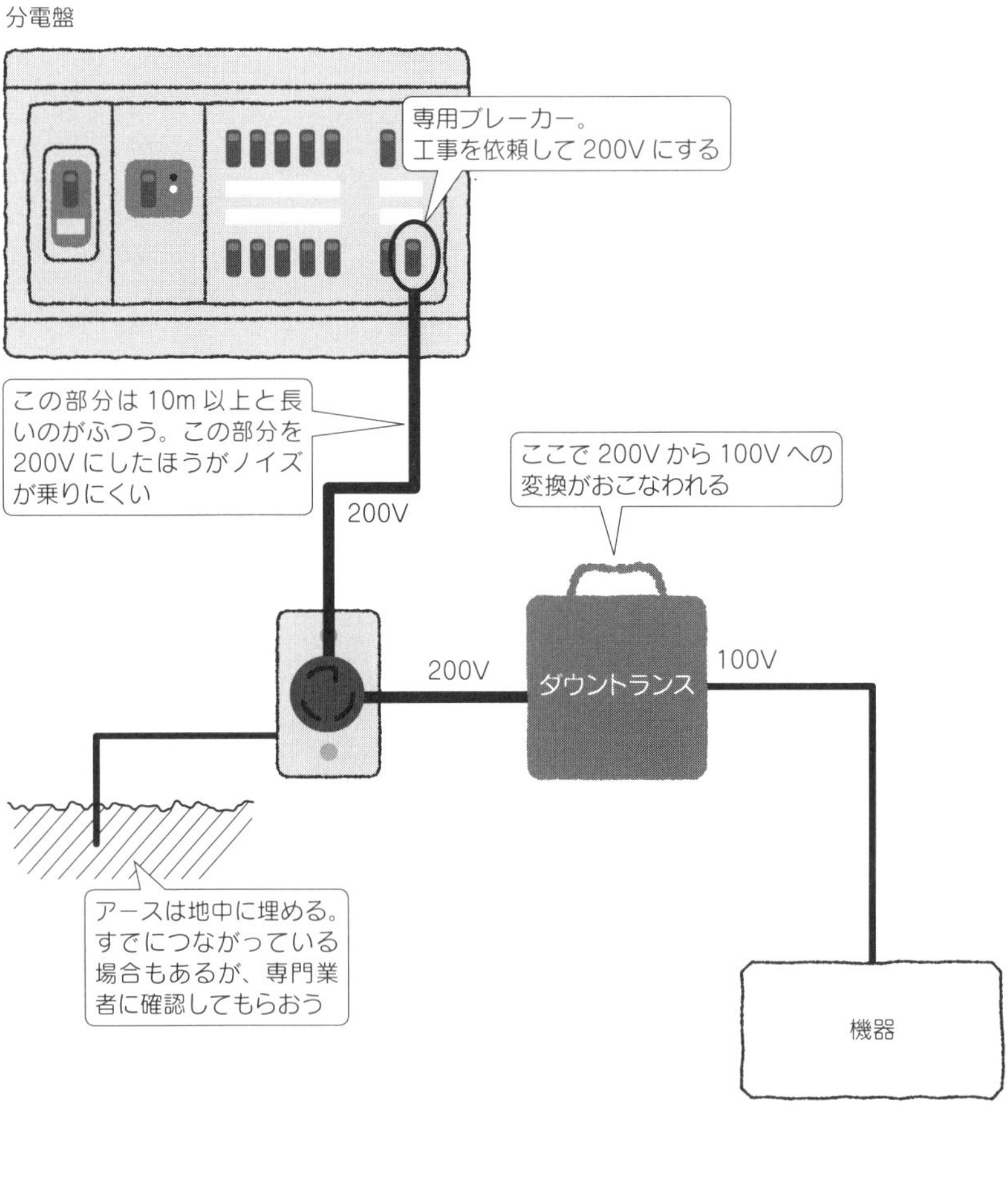
分電盤
専用ブレーカー。
工事を依頼して 200V にする
この部分は 10m 以上と長いのがふつう。この部分を 200V にしたほうがノイズが乗りにくい
200V
ここで 200V から 100V への変換がおこなわれる
200V
ダウントランス
100V
アースは地中に埋める。すでにつながっている場合もあるが、専門業者に確認してもらおう
機器

を見てみなければハッキリとした金額はわかりません」と言われるのではないだろうか。

私の場合、運良く部屋に独立したコンセントがあったので、専門業者に依頼してそれを200Vにした。しかし、**アース**（19ページ3極電源プラグのアース）**の抵抗**を測ったところ、値が理想的ではなかったので、コンセント専用のアース工事も追加した。その結果、値は81・6オーム※を指した。

※ダウントランスを購入した際に、アースの抵抗値は100オーム以下、できれば50オーム以下をめざして工事をしてもらってくださいと言われていた。

私が導入したダウントランスはスター電器製造社製のもの。価格は7万くらいだった。

▼ダウントランス（スター電器製造）

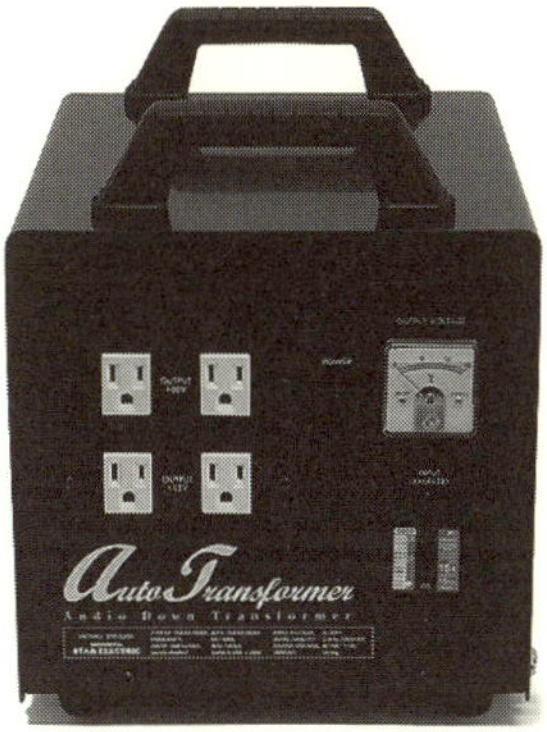

ダウントランスを使って100Vにした場合には、構造上、本章冒頭で紹介したコンセントの向きをあわせる必要がなくなる

解説　アースの抵抗

アースの抵抗を示す値の単位には〝オーム（Ω）〟が用いられる。この値は低いほうが理想的で、300V電源以下のアース（D種接地工事という）は100オーム以下になるよう工事することが決められている。

安定化電源

家庭に送られてくる電圧は一定ではない。通常、壁のコンセントの電圧は、いつもわずかながら変動している。ところが、安定化電源を使うとその変動がほとんどなくなる。

私が長年愛用しているのは、安定化電源の定番、信濃電気の〝HSR-510〟だ。残念ながら信濃電気株式会社は今はなくなってしまっているが、ほかのメーカーがこのHSR-510を販売しているという情報もあるので、興味のある方は調べてみてほしい。

私の所有している機器のなかに電圧の変動をメーターで見られるものがあるので、その様子を動画にした。安定化電源を使う前（図ⓐ）の動画が【▶安定化電源を使う前】。針が止まることなく動き、常に電圧が変動しているのがわかる。これに対して安定化電源を使うと（図ⓑ）【▶安定化電源を使った場合】のように針がほとんど動かなくなる。

【注意】電圧の変化の度合いは各家庭の電気の状況によっても違うと思われる。動画ファイルは1つのサンプルとしてとらえていただきたい。

また、HSR-510の商品説明によると、家庭に送られてくる電気はきれいな交流波形を描いて

▼安定化電源の定番
「信濃電気 HSR-510」

図ⓐ　安定化電源を使う前

図ⓑ　安定化電源を使った場合

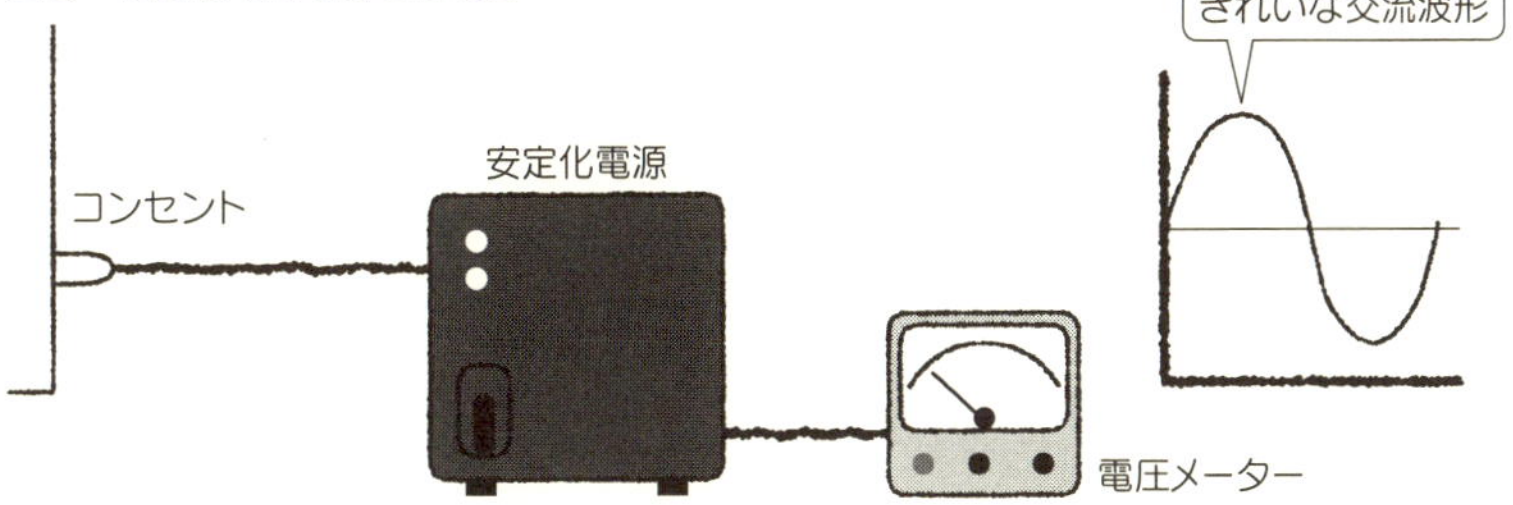

いないらしく、安定化電源はこの問題も解決してくれるとのことだ。

私の自宅の機器では交流波形を視覚的に見ることができないのが残念だが、安定化電源を導入したとき、「音が良くなった。もっと早く導入すればよかった！」と思ったことを鮮烈に覚えている。

また、ほかのメーカーからも安定化電源は販売されている。価格は機能によりさまざまだが、数万～数十万と全体的に高額だ。

ダウントランスと安定化電源、ダブルで対策できれば、理想的だ。

電源環境は接続したすべての機器に影響するので、費用はかかるが、ぜひシステム構築構想のなかに入れていただきたい。

電源コードで音は変わるか

音を伝えるケーブルによって音が変わるのはなんとなく想像できるが、はたして電源コードを取り替えると音は変わるのだろうか。インターネットで検索してみると、変わるという人もいれば変わらないという人もいる。まるで都市伝説のようだ。

しかし私は明らかに音が変わることを実体験した。一方、良い音の定義は大変難しい。たとえ音が変わったとしても、それがめざす音楽にとって良いかどうかは聴く人の感じ方によって異なる。しかしこのときの私の体験は、音が変わるということだけではなく、良い音に変わったことが客観的にわかるものだった。

順を追って説明しよう。

それは、「ミキサーの電源ケーブルを替えてみたらどうだろう?」と考えたことからはじまる。

私が使っているミキサーはヤマハの０２R。システムの中核で活躍している。主な接続は次ページ図のようになっている。

このように、パソコン内のソフト音源も、ハードウェアシンセサイザーもすべてミキサーにつながれているので、すべての音は一度０２Rを通っていることになる。だから、このミキサーの電源ケー

▼接続図

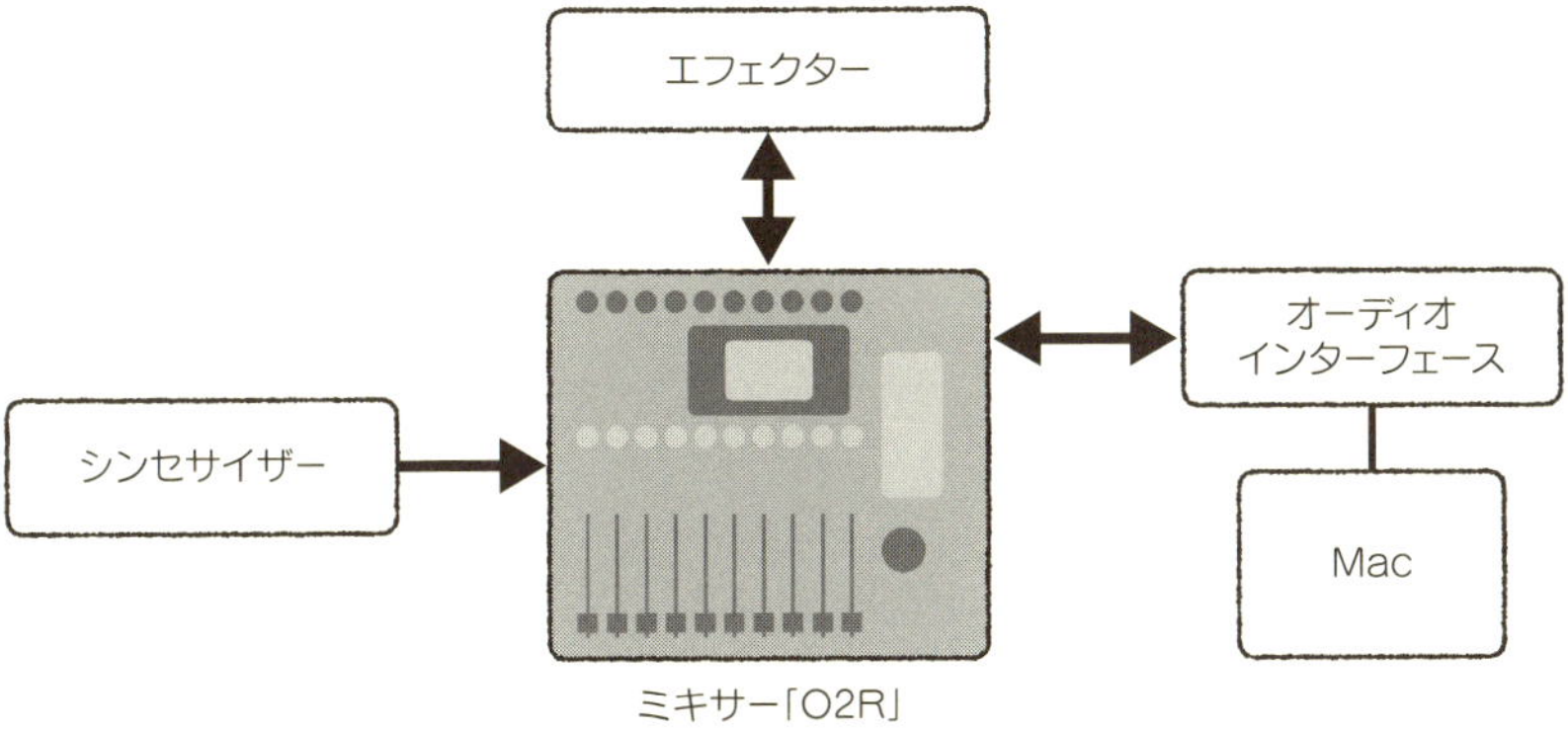

ブルを替えれば、音の変化が如実に現れるのではないかと考えたのだ。

ところが実際にＯ２Ｒの背面を見てみると、電源ケーブルははずすことができない作りになっていた。蓋《ふた》を開けてハンダを溶かせばはずれるのだろうが、それは怖い。

そこで、家の近くを散歩していたときにたまたま見つけたオーディオショップのことを思い出して、とにかくそこへ行って相談してみることにした。お店に入ると、高額な真空管アンプが並んでいてこだわりの店といった感じだ。私がひととおり説明したら、「これを使ってみるといいですよ。音は必ず変わります。ただし、それが良い音かどうかはその人の好みによります。気に入らなかったら返してくれればいい」と、ケーブルを貸してくれた。

これを既存のケーブルと取り替えるのではなく、いってみれば延長すればいいというのだ。

その接続図を見てみよう（次ページ図参照）。

ケーブルを取り替えて音が良くなるならわかるが、ケーブルを足して音が良くなるというのはどういうことだろう？

▼ケーブルを延長した

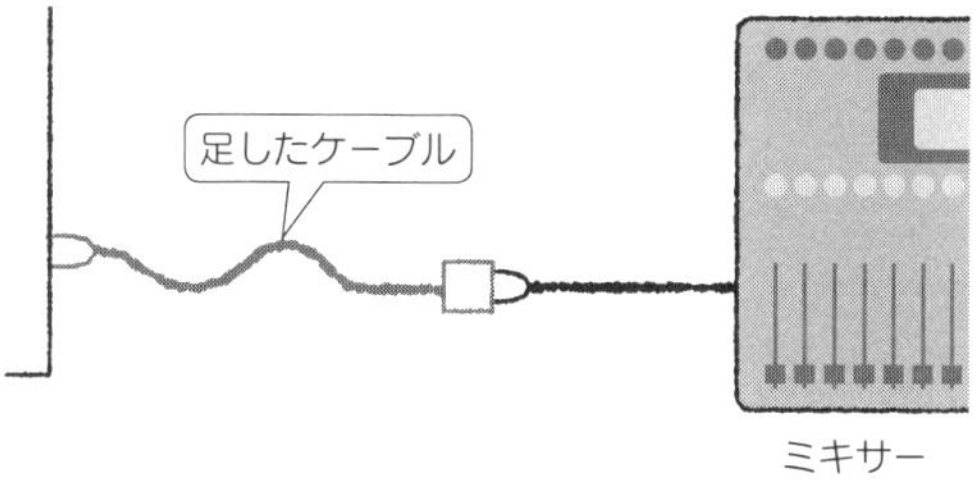

▼オーディオショップで借りたケーブル

いくら良いケーブルでも、既存のシステムに増やして音が良くなるなんて本当だろうか？　変わったとしても気のせいレベルだろうぐらいの気持ちで借りたケーブルを図のようにつないだ。

ところが、音を聴いて驚いた！　気のせいレベルではなく、明らかに音が違うのだ。

お店に戻ってその理由をオーナーの方に聞いたところ「電気の行きと帰りを同じにしてやるといいんだ」と教えてくれた。もちろん借りていたケーブルはそのまま購入することにした。

次に肝心の、どうして客観的に良い音に変わったことがわかったかについて説明しよう。

これには私が使っているピアノのソフト音源の特殊事情が関係している。世界的なピアノメーカーの音をサンプリングしている音源で、私もさまざまな曲で使っているのだが、

このあたり（±半音）の音の響きが悪くて使いにくいのだ。コードのなかに含ませてしまったり、ピアノ以外の音を重ねたりするアレンジであれば問題ないのだが、その音を単音で聴かせるようなアレンジでは、音のクオリティが低くて使うことができない。

しかしそれはソフト音源メーカーの責任ではない。実は、このピアノメーカーのピアノは、そもそもこのあたりの響きが悪い。つまり、このソフト音源は、実際のピアノをありのままに再現しているということができる。

そのため曲のなかでこの音域を使うときには、単音で演奏しないようにしたり、フレーズを変えてそもそもその音域を使わないように工夫したりしてきたのだ。

ところが、右ページ図のようにケーブルを足したところ、実際のピアノにある響きの悪さはあるものの、使える音に変身したのだ。考えてみれば、実際のピアノでは、この音域の響きが悪いからといっても使えない音ではない。それは、世界中のピアニストが使っていることからも明らかだ。コー

ドを替えたら良い音に変わったと書いたが、正確には、〝コードによって本来の音を取り戻すことができた〟ということになるだろう。

ここでの私の結論。

〝電源環境次第では〝使えない音〟にクオリティダウンしてしまうことがある〟

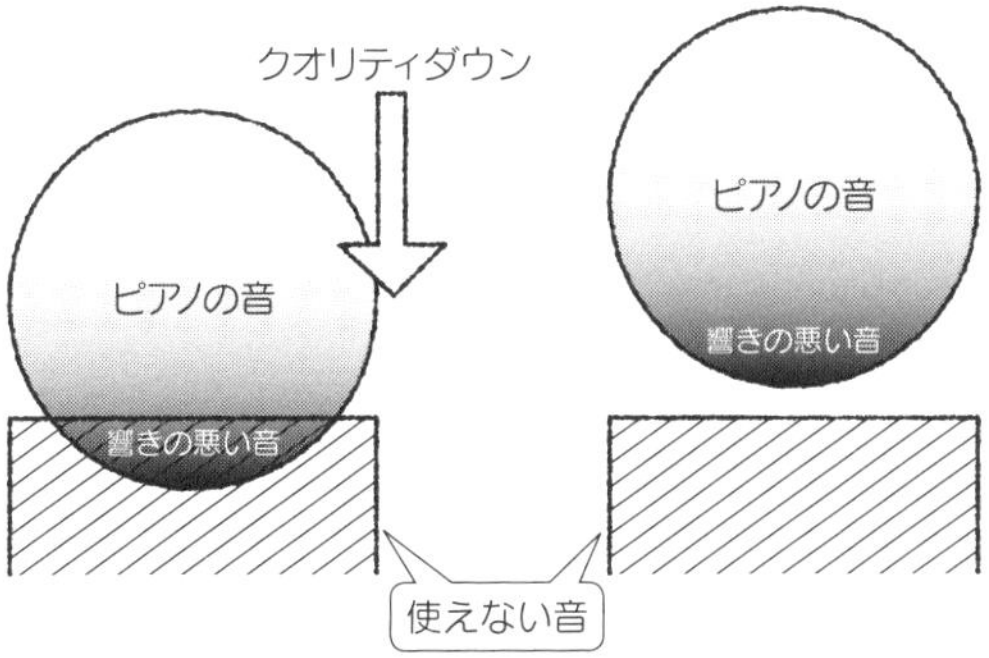

変動を少なく

以前であれば、照明などのスイッチを入れたときにミキサーに「プチッ」という音が混入したものだが、シンセサイザーやエフェクターがソフトウェア化された昨今では、こうしたノイズは入りにくくなっている。それでもやはり電気の変動は少ないに越したことはない。本書を書くにあたって電圧の変動を撮影していたときに、家族がまったく別の部屋でドライヤーのスイッチを入れたところ、電圧が2～3Vくらい下がった。制作途中であれば気にする必要はないが、『新・プロの音プロの技』にも書いたように、録音するときは電気のON／OFFは極力避けたほうがいいし、比較的電気の安定している夜中に録音するのがいいのは今も昔も変わらない。

また、録音はしないでバウンスをするだけということもあるだろう。その場合、パソコンの能力を分散させることなくできる限りバウンスに回すために、バウンス中はメールのチェックなど、何かほかの作業をしてはいけない。

小さいことではあるが、こうしたことの積み重ねが重要だ。

オーディオコードの向き

シンセサイザーとミキサーをつないでいるコードやオーディオインターフェースとアンプをつないでいるコード。コードはさまざまな機器をつなぐ役目を果たしている。次の写真を見てほしい。このコードを使ってシンセサイザーとミキサーをつなぐ場合、左右のどちら側にシンセサイザーをつなぐといいだろうか？

この場合、左側にシンセサイザーを右側にミキサーをつなぐといい。

コードをよく見るとメーカー名が記されているが、メーカー名のアルファベットの方向と音の流れる方向を一致させるといいのだ。

ケーブルの構造からいって電気の流れやすい方向があるのだそうだ。シンセサイザーから出る音をミキサーに送るわけだから、音の向きは左図のようになる。だから先ほどのケーブル場合、文字の流れにあわせて左に音を送り出すシンセサイザーをつなぐのだ。

ケーブルによっては、わざわざ矢印が書いてあるものもある。

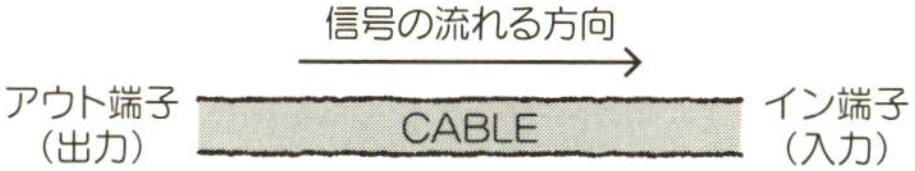

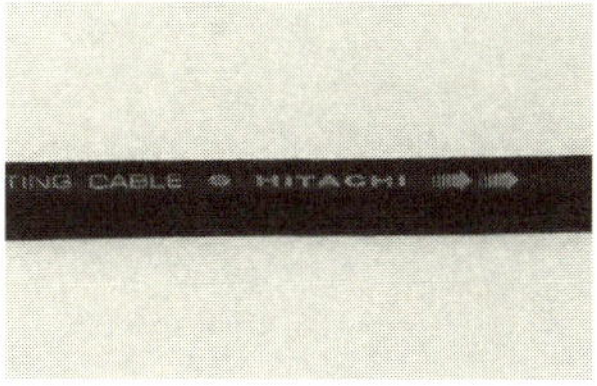

信号の流れる方向が矢印で示されているものもある

グレードの高いオーディオコードを使おう

以前、ケーブルによって音が変わるかどうかを実験するために、解説 **ブラインド・テスト**をしたことがある。接続は次のとおり。

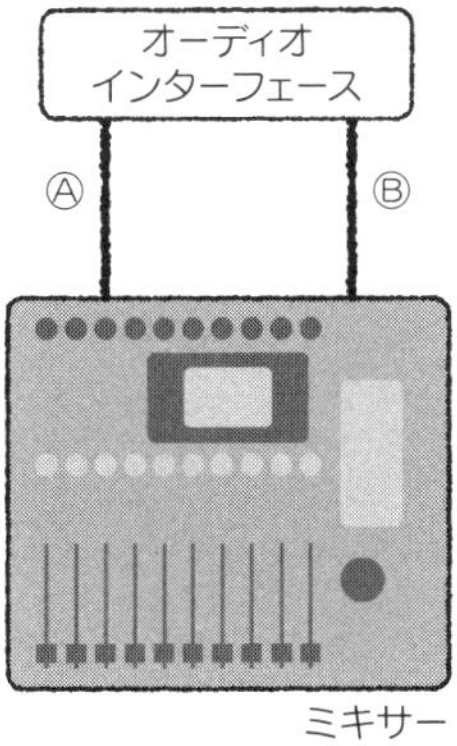

機材を買うと付属しているような安価なケーブルⒶと1m1万円くらいの高価なケーブルⒷをイラストのようにつなぐ。ⒶとⒷのどちらの音を流すのかはミキサーのスイッチを押すたびに切り替わるように設定しておく。この状態でスイッチを何度かカチカチと押して、ⒶとⒷのどちらにつながっているかがわからない状態で音を聴く。10回試して10回ともすべて「これは○○のケーブル」と言い当

解説 ブラインド・テスト

コードを換えたことによる変化はとても小さいことに加えて、せっかく取り替えたのだから良い音になったと思いたいという心理が働いてしまう。このような先入観を取り除いて試聴しなければ、本当の意味での聴き比べはできない。公正な判断ができるように工夫されたテストがブラインドテストだ。

てることができた。高価なケーブルに取り替えるとどうしても良い音が出ているはずだと思いたくなるものだが、このブラインド・テストの結果は高価なケーブルが良い音をもたらすということを明らかに示しているといえるだろう。

ケーブルを自作してみよう

高価な市販のケーブルは、そう何本も買えるものではない。システムの核となるところから順次ケーブルを取り替えていくのも１つの方法だが、自作すれば費用をかなり抑えることができる。たとえば、１００ｍ１５、０００円のケーブルと、１つあたり１、０００円のプラグであれば、１ｍの自作ケーブルが１本あたり２、１５０円（１５０円〔１ｍあたりの値段〕＋１、０００円×２個）でできる。ステレオでつなぐ場合は、これが２本必要だ。高級市販ケーブルと自作ケーブルは同じ部材（ケーブルとプラグ）ではないので単純には比較できないが、自作すれば低予算でもしっかりとしたグレードのケーブルが導入できることは間違いない。

また自作ケーブルでは、必要な長さピッタリに作成でき、機器のうしろにムダにコードをはわせなくてすむのもいい。慣れないうちはハンダづけに手間がかかるが、慣れてくればけっこう簡単にできるようになる。ハンダづけの要領はＹｏｕＴｕｂｅなどにもいろいろと動画がアップされているので、それを見てイメージをしてからはじめるといいだろう。

私は小学校高学年から中学生にかけて、簡単なラジオを製作した経験があったが、久しぶりのハンダづけは少々手間取った。しかし、２、３個めからは慣れてきてスムーズにできるようになった。それでも図の矢印の部分が接触しないかととても心配だ。

そこで私は、ケーブルの芯を出す際に不要となった絶縁被膜を間に挟むことにしている。

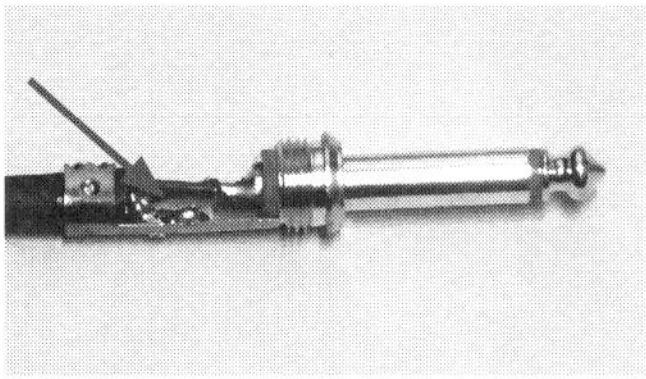

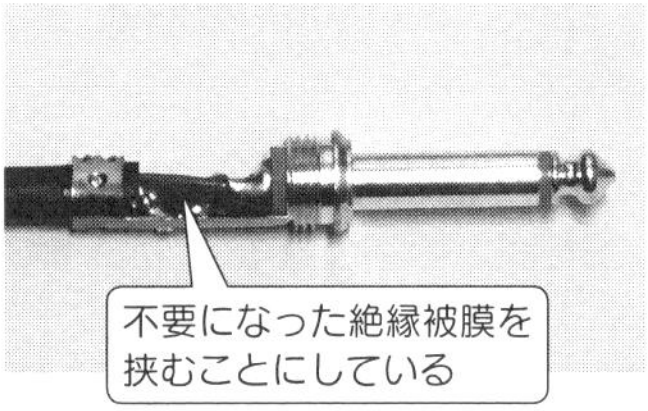
不要になった絶縁被膜を
挟むことにしている

できあがったケーブルは信号の流れる方向を確認して接続するが、電源プラグのときと同じように、端子に手の脂がつかないように注意しよう。せっかくのケーブルも手の脂がついた状態では真価を発揮できない。

モニターシステム

間違ったモニターシステムではミキシングがうまくできるようにはならない。この場合の〝間違った〟というのは、実際に聞こえる音と機器を流れる音とが異なる状態をいう。

たとえばスピーカーは置く場所によってかなり音が変わる。

最適なリスニングポイントは次のようになる。

最適なリスニングポイント

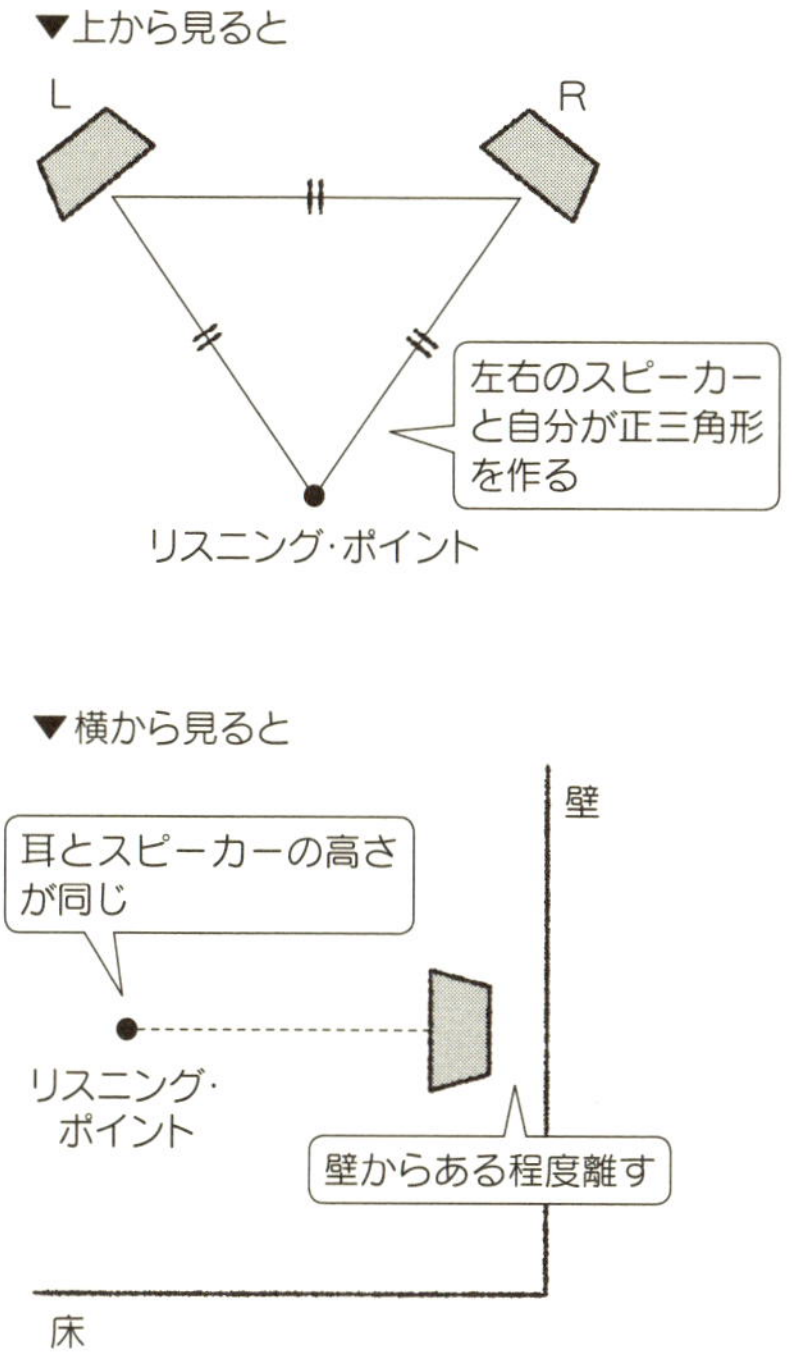

スピーカーを最適な場所に設置しても、設置するスピーカーによって音は当然変わってくる。そもそもスピーカーには大きく2種類あって、リスニング用スピーカーと、モニター用スピーカーがある。

リスニング用スピーカーは「低音がしっかり出ますよ」とか、「明るい音が出ますよ」といったように聞く人の好みにあわせて作られている。それは言い換えれば、本来の音ではなく色づけした音が出るということだ。こういったスピーカーではミキシングはできない。たとえば自分が低音がドンドン響くサウンドが好きだとする。そうするとスピーカー選びの際に低音がよく出るスピーカーを選んでいる可能性が高い。ということは、実際の音には低音がなくてもスピーカーからは低音がドンドン響く音で出てしまうことになる。この状態でミキシングした曲をほかのスピーカーで聞いても低音は響かないので、「家で聞いたときは低音がドンドン響いてたんだけどなぁ〜」となってしまうのだ。

その点、モニター用スピーカーは極力色づけしないように作られている。本来の音に低音がなければスピーカーからも低音がないまま聞こえるし、低音があればあっただけの低音がスピーカーから聞こえるのがモニター用スピーカーだ。だから、音楽を作る際のスピーカーには、モニター用スピーカーを選ばなければならない。

しかし、色づけされていないはずのモニター用スピーカーにもいろいろとあって、機種によって音は異なる。昔であれば多くの録音スタジオで導入されているＹＡＭＡＨＡのＮＳ－10Ｍという定番スピーカーがあって、これをもっていれば安心だったのだが、今はその代わりになるような定番スピーカーはなさそうだ。これからスピーカーを購入するのであれば、まずはモニター用スピーカーのカテゴリーのなかから選び、あとは予算に応じて決めれば大きく間違ったスピーカーを選んでしまうことはない。

一方ヘッドフォンには「定番ヘッドフォン」と呼ばれるものが存在する。意見が分かれるかもしれないが、私はSONYのMDR－CD900STがいいと思う。以前は、業界の人の推薦がなければ購入することができなかった。価格は1万5～6千円くらいではないだろうか。プロモーションビデオのなかでアーティストがこのヘッドフォンを使っているシーンをしばしば見ることができる。ヘッドフォンはスピーカーと違って設置場所による聞こえ方の変化がないので、こういった定番のものを使えば正しくモニターすることができる。また、この音を基準としてスピーカーから聞こえる音との間に大きな差がないとすれば、スピーカー環境は問題ないと考えられる。

ヘッドフォンは長年使っていると耳にあたるクッション部分（イヤーパッド）がへたってくる。そういう場合は、その部分だけの交換が可能だ。

また、機材は湿気を嫌うので、お風呂に入ったあとなど、髪の毛に湿気が残っている状態でヘッドフォンを装着するのは避けたほうがいい。大切に扱えば長く使い続けることができる。深夜型のミュージシャンは気をつけよう。

SONY「MDR-CD900ST」

掃除をしよう

機材はホコリを嫌う。何よりホコリだらけのなかでの制作は気分も良くない。

〈必要なもの〉

・無水エタノール……すぐに蒸発するので錆《さ》びにくい。水分を含まないので電気製品にも安心だ。

解説 **布、**綿棒……無水エタノールを染み込ませる。綿棒は細かいところで使う。

・ビニール手袋……エタノールから手の皮膚を保護する。使い捨てタイプなら100円ショップなどでも売っている。

・エアダスター……布や綿棒が届かないところのホコリはこれで飛ばす。

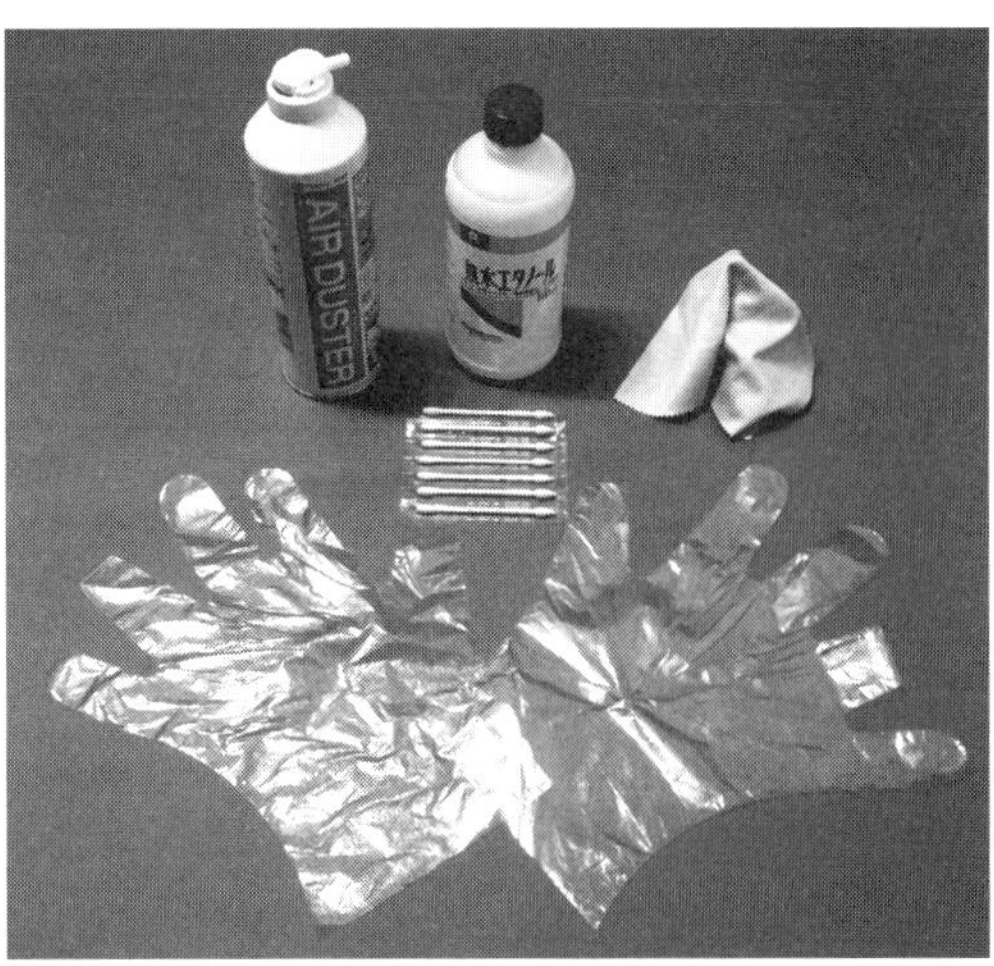

手順①

機材の電源をオフにする。

手順②

エタノールはアルコール分が高いので、部屋の窓を開けて換気をじゅうぶんに確保する。もちろん火気厳禁！

手順③

エアダスターで布や綿棒が届かないところのホコリを先に払っておく。

手順④

手が荒れるので、手袋をしてから布や綿棒に無水エタノールを染み込ませて掃除する。

手順⑤

じゅうぶん揮発させてから電源をオンにする。

これで掃除をすると、かなりきれいになるので、ぜひおススメだ。気がつかないうちに汚れていたキーボードなども、もとの色に戻る。

解説　掃除に使う布

布以外でも面を傷つけるような粗いものでなければいい。私もいろいろな素材を試しているが、最近は工学系の大学を卒業したレッスン生に教えてもらった写真のキムワイプが気に入っている。使い捨てでティッシュペーパーのようだが、ティッシュペーパーより少し固い分、破れにくく、また、紙の繊維くずが出ないのがとてもいい。

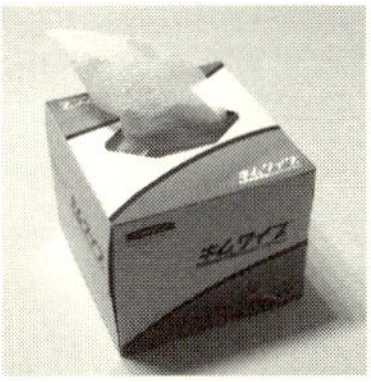

熱対策

機材をどのように置いているだろうか。なかには熱を発しやすいものもあり、そういった機材同士をくっついた状態で設置しておくと、特に夏場は温度が上昇して故障につながってしまうかもしれない。その場合は、少し高めのゴム足をつけて機材と機材の間の空間を確保するようにしたほうがいい。

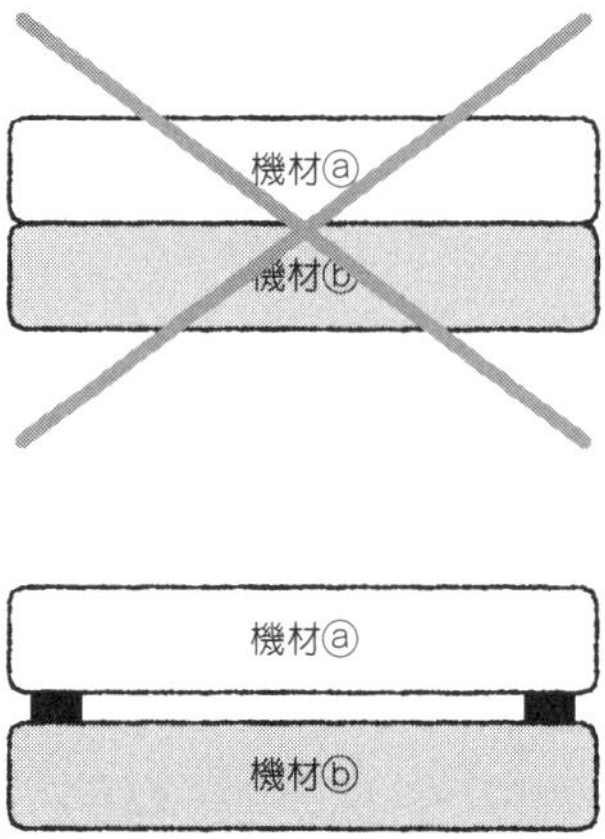

安価なゴム足は長い年月を経ると溶解してしまうことがある。以前、私が取りつけたゴム足がそうだった。その体験以降、安価なゴム足は買わないようにしている

ラックに組み込んでいる場合は1段空けるか、普段あまり使わない機材を間に入れるなどの対策が必要となる。

オーディオインターフェース

パソコンについているオーディオ外部出力端子は、機種によってはギリギリ使えなくないものもあるようだが、全体的に音のクオリティは低い。音楽制作をする場合にはオーディオインターフェースは必須と考えていいだろう。

値段はさまざまだが、2万円前後でさまざまな機種がそろっているので、このあたりから選べばいい。5万円を超えるクラスでは入出力数が多くなるので、バンド録音でマイクをたくさん立てたいなどの用途があればこのクラスを狙いたいところだ。10万円超のクラスになると、肝心の音質がワングレード上がる。私が以前使用していた5~10万円クラスのオーディオインターフェースでは、録音したのちにプレイバックすると、どことなくパンチが欠けるような音※であったが、10万円超のオーディオインターフェースに替えてからは、制作時に聞いていた音そのままの質感でプレイバックされるようになった。

【注意】音の違いは制作者本人にしかわからないくらいのほんのわずかなものだ。

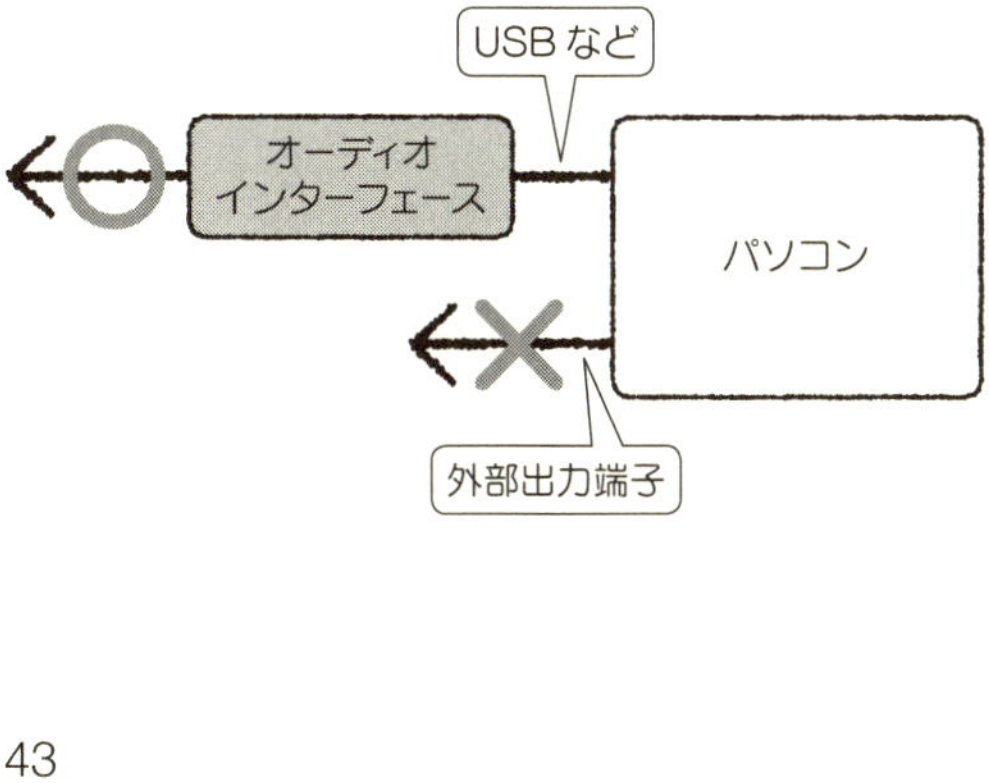

オーディオインターフェースや、このあとに出てくるプラグイン・ソフトを導入する際は、商品の仕様がご自身のパソコンのOSをサポートしているかどうかを確認しなければならない。メーカーのホームページで確認すると、「動作環境」のところに「Ｍａｃ ＯＳ○○以降」などのように記載されている。

解説 プラグイン・ソフト

ソフトに追加する音源やエフェクターをそれぞれ「プラグイン音源」、「プラグイン・エフェクター」といい、それらを総称して「プラグイン・ソフト」という。また、プラグイン音源は「ソフト音源」、プラグイン・エフェクターは単に「プラグイン」というなど、呼び方はさまざまある。

プラグイン・ソフトをそろえよう

昨今の音楽ソフトには、付属として音源やエフェクターの**プラグイン・ソフト**(解説)が組み込まれていて、導入してすぐに音楽制作をはじめられるようになっている。各社、音源やエフェクターの豊富さを競っていて、ユーザーにとってはとても喜ばしいことだが、やはり「プロの音」をめざすなら、ここは付属以外のプラグイン・ソフトも積極的に導入するようにしたい。

ご自分の制作する音楽にあわせて、たとえばビートの効いた曲を多く作るのであればドラム専用音源を、アコースティックな曲調が多ければアコースティックギターや、ピアノなどの専用音源をそろ

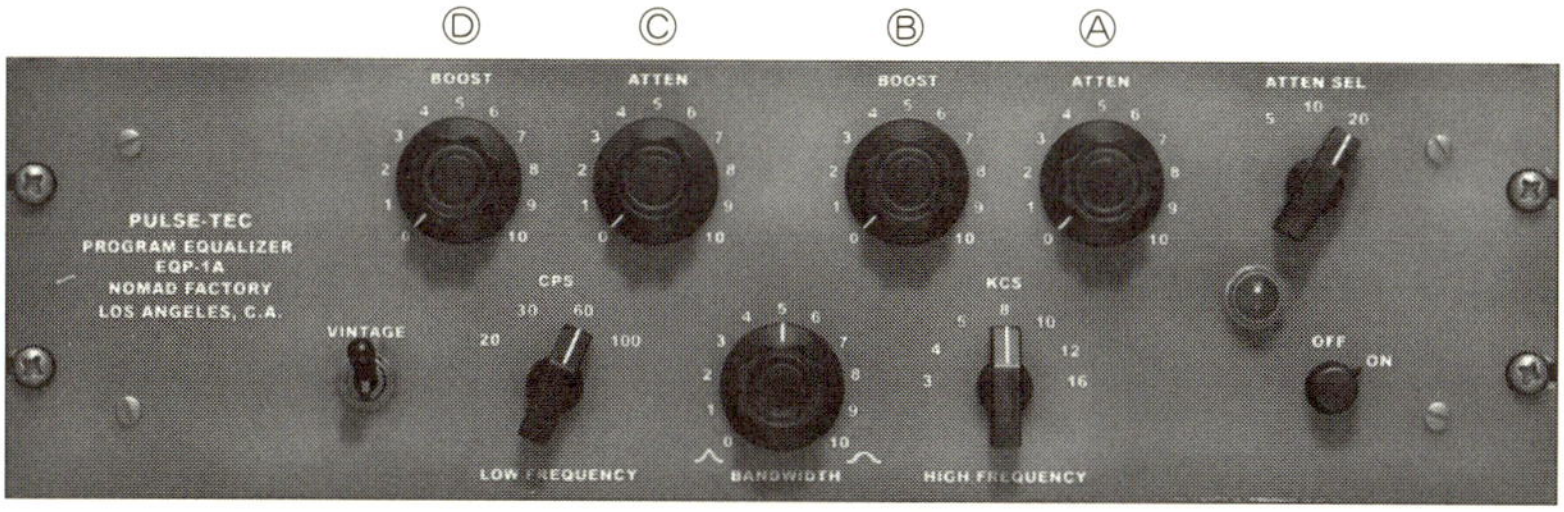

NomadFactory 社のプラグイン「PULSE TEC」。Pultec EQ というイコライザーの名器をシミュレートしたプラグイン

えればいい。付属音源はどうしてもオールマイティーな音源になるので、音色のバリエーション、音作りの可能性、音質そのもの、どれを取っても専用音源にはかなわない。

プラグイン・エフェクターも各社から魅力あるものがさまざま発売されている。どれを選んだらいいか迷うところだ。私はアンビエントな曲が多いので、リバーブなど空間系のエフェクターを中心に導入している。このように、プラグイン・エフェクターも自分の音楽スタイルにあわせて充実させていけばいい。

それとは別に自分が使いやすい**パラメトリック・イコライザー**を（解説）もっているといい。これを私は強くおススメしたい。制作中は、「高音をもう少しだけ抑えたい（強調したい）」、「低音をもう少し抑えたい（ふくらませたい）」ということがある。こういうときがパラメトリック・イコライザーの出番で、高音域や低音域、または中音域など、音域ごとに下げたり上げたりして音作りをしていくことができる。上図は私がよく使っているイコライザーだ。

音が硬すぎたり、ギラギ

解説　パラメトリック・イコライザー

高音域、中音域、低音域など、いくつかの音域ごとに音量を増減させることができる、音作りには欠かせないエフェクターの1つだ。

ラ耳に痛い（高音域が出過ぎている）ような場合は図Ⓐのつまみを上げれば高音域の音量を下げて落ち着かせることができるし、その隣のⒷのつまみはそれより少し低い音域の音量が上げて音にハリをもたせることができる。またその隣のⒸとⒹは低音を下げる（Ⓒ）、上げる（Ⓓ）つまみで、低音が出過ぎて音がモコモコしたときや低音をもっと響かせたいときなどに調整する。機種が違えば使い方も異なるが、いずれにしてもパラメトリック・イコライザーはこのように出したい音、引っ込めたい音を的確にコントロールできるのが特徴だ。

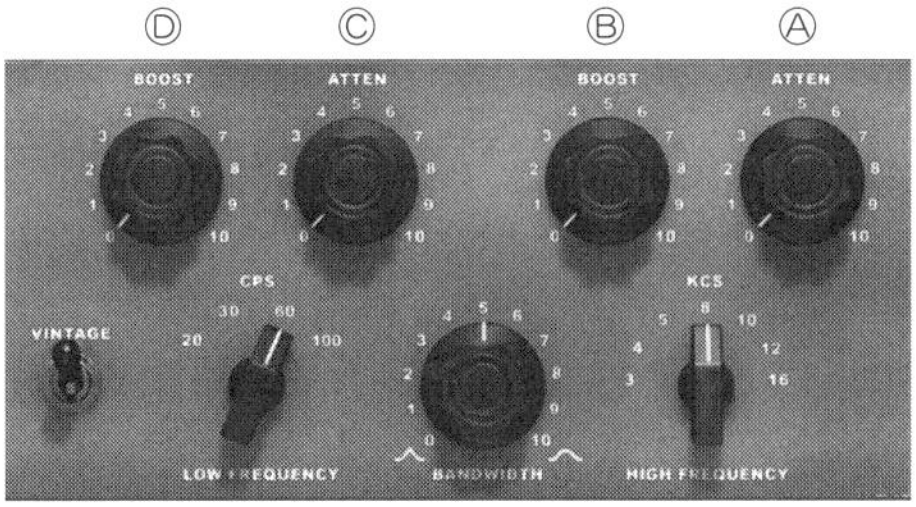

Pultec EQをシミュレートしたプラグインはほかのメーカーからも複数出ている。どれが実機の音に近いかは実機を使ったことがない私にはわからないが、いくつか試したなかでは、私にはこのPULSE TECが一番使いやすかった。使いやすいということは、自分の出したい音に早くたどりつけるということであり、このレスポンスの良さが制作には欠かせない。

アンテナを張る

第1章の最後に、情報をうまく利用することをおススメしたい。

インターネット全盛のこの時代、ソフトのセール情報、新商品情報など、さまざまな情報がネット上で飛び交っている。それらをうまく利用して、自分に有用な情報を得るようにアンテナを張っておくことは重要だ。通常は何万円もするソフトが期間限定で数千円で売り出されることもある。タイミングさえ良ければ、1ドルだったり、無料で配布されることもある。〝努力なくして成功なし〟という言葉があるように、有用な情報を得るべく常にアンテナを張っておかなければ、必要な情報は得られない。

第2章　アレンジ編

ロー・インターバル・リミテッドをクリアしよう

実際にキーボードを弾いて入力する場合は、ロー・インターバル・リミテッドの問題を自然とクリアしていることが多いが、パソコン上で音符を1つひとつ入力する場合はロー・インターバル・リミテッドに抵触してサウンドを悪くしてしまっていることがある。プロの演奏家やアレンジャーは、ロー・インターバル・リミテッドという言葉は知らなくても、それを感覚的にクリアして良いサウンドを出している。

そもそも、〝ロー・インターバル・リミテッド〟とは何だろうか。

それは、ある2つの音を同時に演奏する際、〝これ以上低いと響きが悪くなる〟という限界のことだ。実際の音符と音でそれを説明しよう。

ⓐ

ⓑ

ⓒ

これらは音域は違うが、いずれも〝ド〟と〝ミ〟の2音だ。このⓐ、ⓑ、ⓒを続けてピアノで演奏

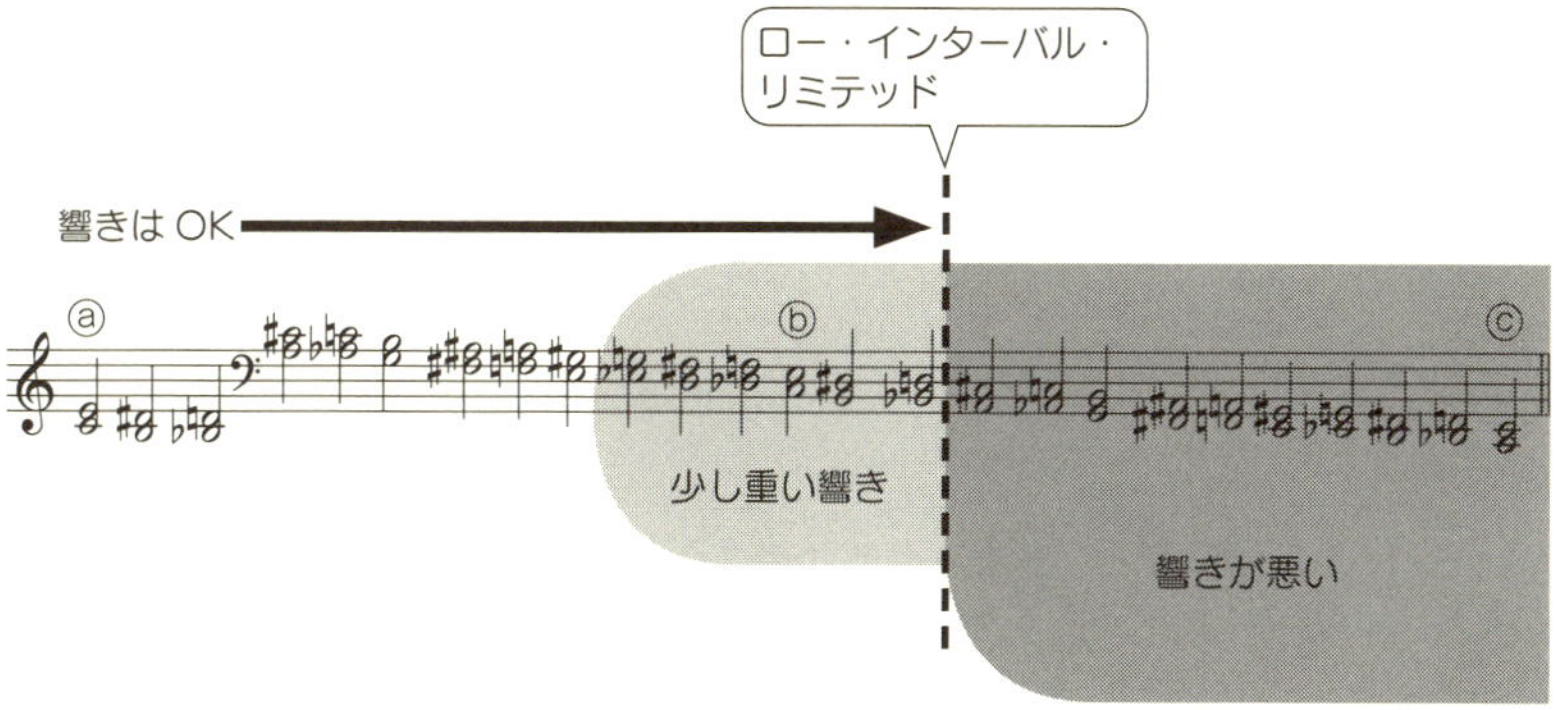

した音声ファイルを聴いてみよう。

聴いてみよう 01

［ロー・インターバル・リミテッド・1］

最初に聞こえるⓐの〝ド〞と〝ミ〞はまったく問題なく聞こえる。2つめに聞こえるⓑの〝ド〞と〝ミ〞は少し重い感じがするが、響きが悪いというほどではない。それに比べて3つめに聞こえるⓒの〝ド〞と〝ミ〞は響きが悪い。ここでわかるのはⓑとⓒの間に響きが悪くなる境があるということだ。

では実際にどこを境に響きが悪くなるのかを聴いてみよう。ⓐの〝ド〞と〝ミ〞から半音ずつ下げて演奏した音声ファイルを用意したので、どこから響きが悪くなるのかを聴いて確かめてみよう。

ⓑを超えたあたりから注意して聴くと、ⓑを超えた3つめあたりで響きが悪くなっているのがわかる。

聴いてみよう 02

［ロー・インターバル・リミテッド・2］

意図的に響きの悪い音域を使うのはもちろんアリだが、単純に〝2つの音の響き〟という観点から判断すれば、前ページ譜例の点線のあたりを境に、急に響きが悪くなる。

そして重要なことは、ロー・インターバル・リミテッドは2音が別々の楽器で演奏されてもあてはまるという点だ。たとえば、前ページ譜例のミからはじまる高いほうの音をピアノで、ドからはじまる低いほうの音をシンセサイザーで演奏した場合でも、やはり同じところを境に響きが悪くなる。

聴いてみよう 03 [ロー・インターバル・リミテッド・3]

また、次譜例のように2音が同時に演奏されなくても、響きが重なればあてはまってしまう。

ペダルを踏むと音が伸びるので、■の部分でロー・インターバル・リミテッドを超えた2つの音が響いてしまう

なぜ低い2音の響きが悪くなるのか。高いほうの倍音がぶつかるからという説も聞くが、倍音がまったくないサイン波でも、やはり低い2音の響きは悪くなる。

聴いてみよう

04 「ロー・インターバル・リミテッド・4」

詳しいことは音響学などの専門分野によらなければならないが、2音の響きの悪さは2音が干渉しあって生じる〝うねり〟が原因ではないだろうか。これを体感できるファイルを用意したので、ヘッドフォン（スピーカーでは検証できない）で聴いてほしい。

聴いてみよう

05 「ロー・インターバル・リミテッド・5」

次の〝ファ〟と〝ラ〟の和音を2回、演奏したファイルだ。

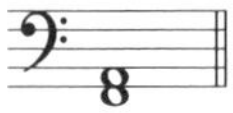

1回めは左右から同じ音が出力されているが、これは響きが悪い。

ところが、2つの音を左右に振り分けた2回めは、同じ和音を演奏しているのに、響きは悪くない。これは、左耳には〝ファ〟の音だけが、右耳には〝ラ〟の音だけが到達するので干渉が起こらないからだ。しかしこれをスピーカーで聞くと、左右の音が耳に届くまでの間に干渉しあい、〝うねり〟が発生して響きが悪くなる。

ここまでは〝ド〟と〝ミ〟など、長3度の音程（解説）の場合で見てきたが、今度はそれより半音だけ狭い短3度についても見てみよう。

短3度では次ページ譜例に示したように、もう少し下限が厳しくなる。

▼1回めの演奏

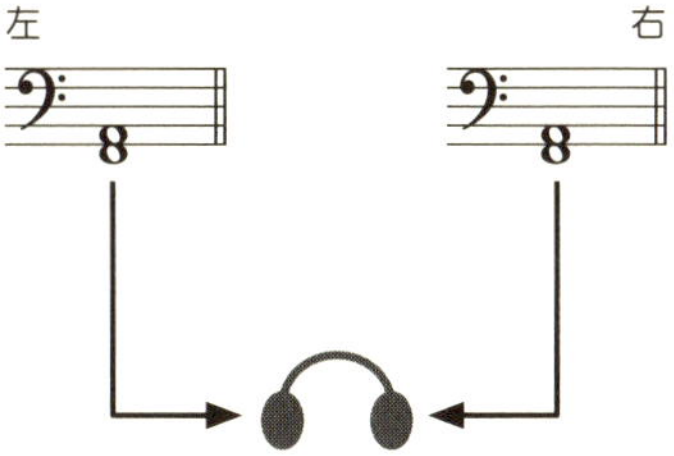

▼2回めの演奏

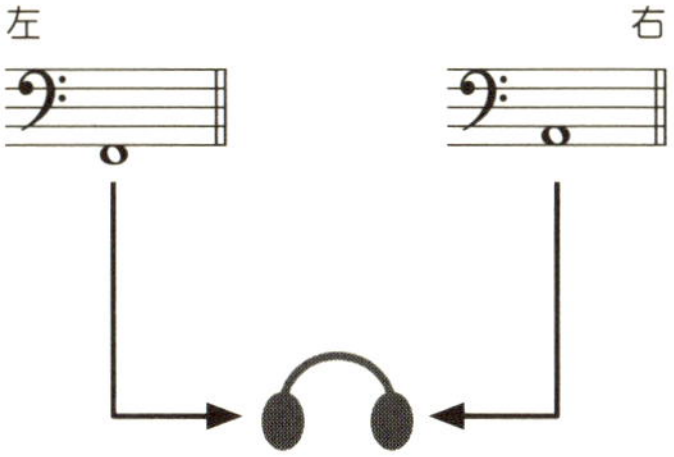

解説　音程

〝音程〟とは2音間の音の隔たりを表す言葉。鍵盤を参考にするとわかりやすい。

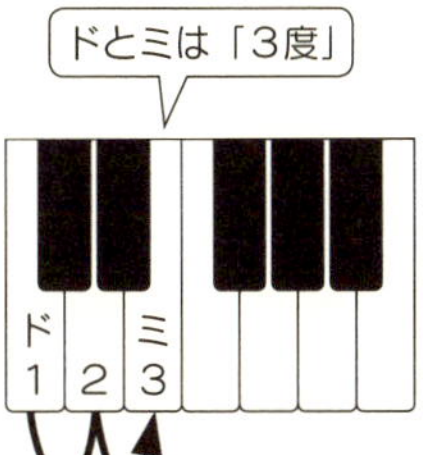

詳しくは楽典など、音楽理論の本を参照してほしい。

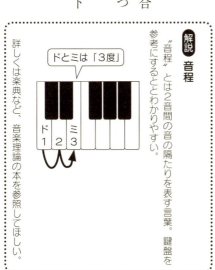

▼短3度の場合

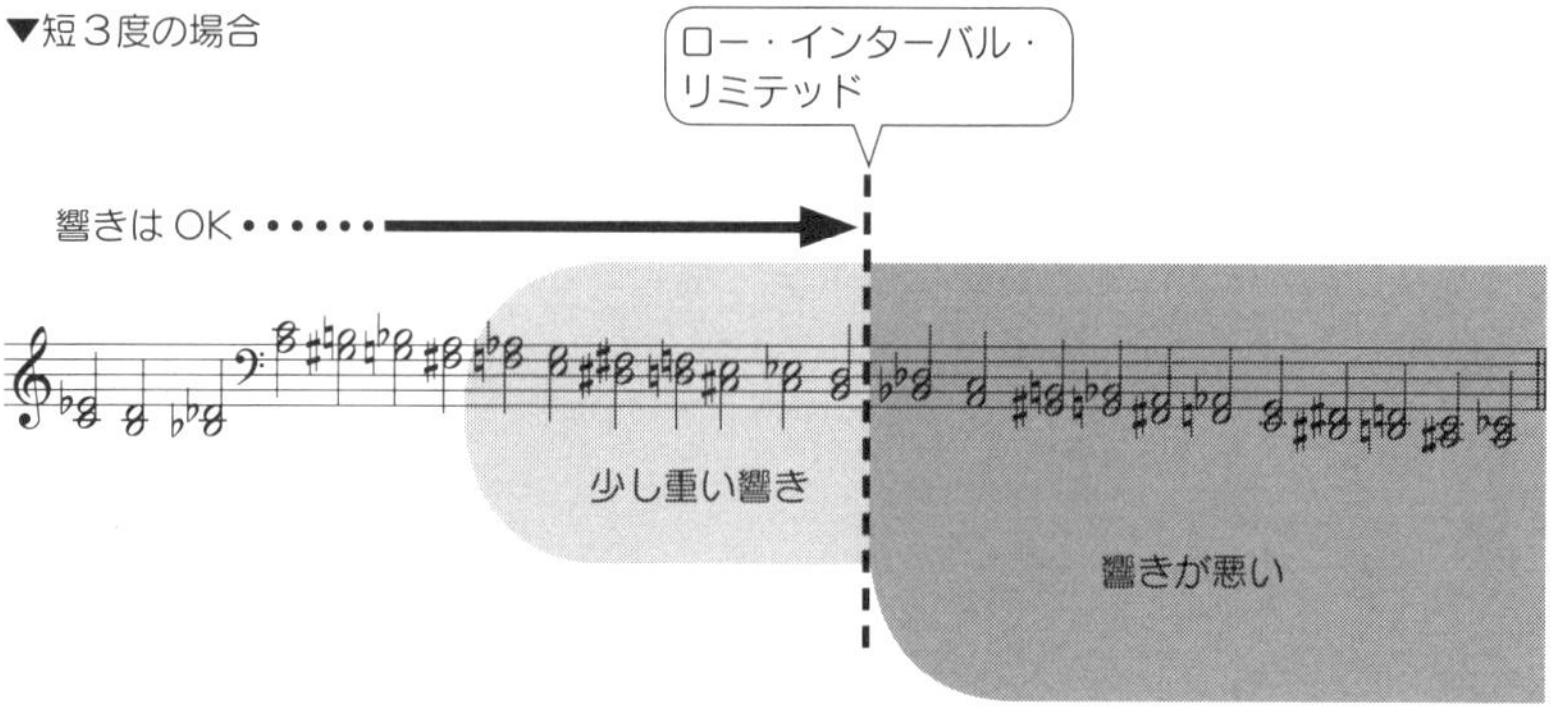

ロー・インターバル・リミテッド一覧

長2度	長3度	完全4度	完全5度	長6度	長7度
短2度	短3度		減5度	短6度	短7度

※オクターブの2音はどんなに低い音域でもOK

『ジャズ・スタディ』（渡辺貞夫、株式会社エー・ティー・エヌ）

そのほかの音程も含めたロー・インターバル・リミテッドの一覧は右のとおり。
しかし実際の制作では、この一覧をまるまる覚えている必要はなく、次の3つだけを覚えておけばじゅうぶん使える。

ポイント1 3度の場合は、次の譜例に示した〝ド〟と〝ミ（ミ♭）〟までは使えるが、それより低い場合はサウンドが重くなっていないかを確認しながら使う。

ポイント2 5度はかなり下のほうまで使える。

ポイント3 2度はコードFmaj7あるいはF7で出てくる2度まで使える。

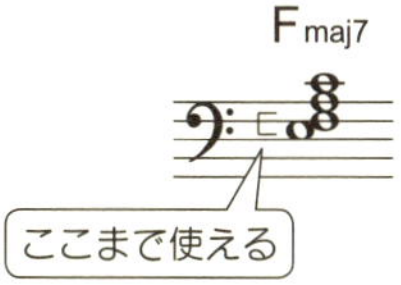

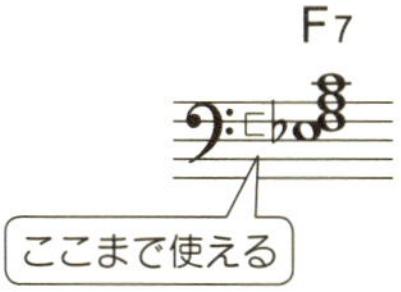

コード「Fmaj7」、「F7」は覚え方として書いたもの。これらのコードに限らず、どのコードのなかにおいても、2度はこの音がリミットとなる

さらにもっとシンプルに覚える方法もある。

〝ベース以外の音はこれより下で使わない〟

たったこれだけでもＯＫだ。56ページの表をよく見ればこれより下で使えるケースもあるが、これでもじゅうぶんに使える。

曲のなかでロー・インターバル・リミテッドを超えた2音があると、「何か重たい感じがする……」、「ごわごわしたサウンドになっている……」といったような印象となってしまい、せっかくの作品のサウンド・クオリティを下げてしまう。ロー・インターバル・リミテッドをしっかりとクリアして、作品のサウンド・クオリティを上げよう。

ベロシティはアクティブに

ベロシティが一定のいわゆる〝ベタ打ち〟が良くないことは広く知られている。ベロシティは音楽表現の基本中の基本だ。積極的にコントロールしていこう。

ここでは、次のようなドラムの定番リズムのなかのハイハットに着目して、実際に音を聴きながらベロシティの効果を確認しよう。

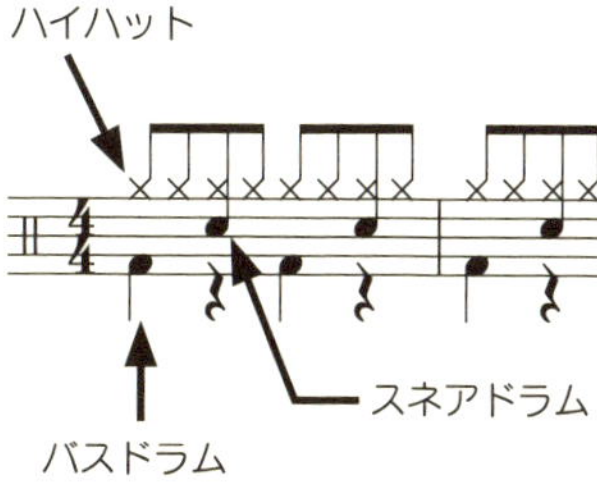

> **解説　ベロシティ**
> DAWの世界では、楽器を演奏する強さのことをベロシティという。強く演奏すると音量が大きくなると同時に音色も明るくなることが多い。

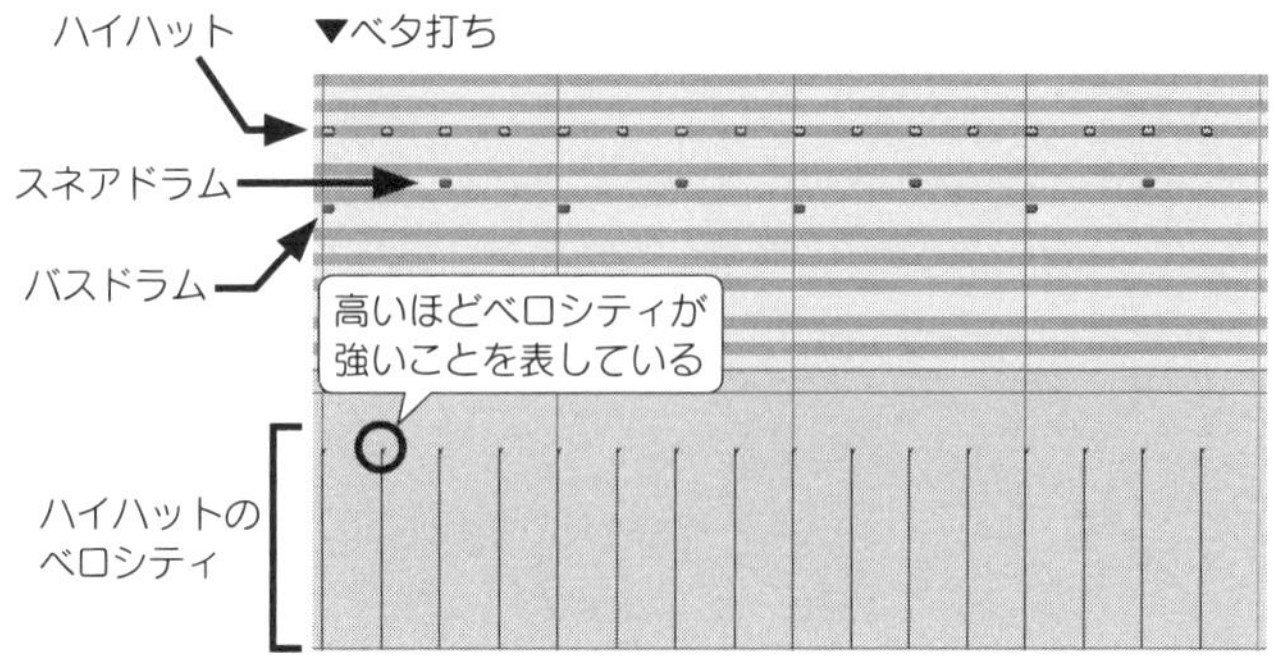

上図のようなベタ打ちはNGだ。

聴いてみよう
06 ［ベロシティ・1］

表拍のハイハットのベロシティを調整して小さくし、相対的に裏拍のハイハットをしっかり聴かせたいと思うが、強弱の差が左**図**Ⓐ程度では、聞く人にはその変化が伝わらない。これもNGだ。少なくとも**図**Ⓑくらいの変化がなければ、聞く人に強弱を伝えることはできない。

図Ⓐ　ベロシティ調整　パターン1

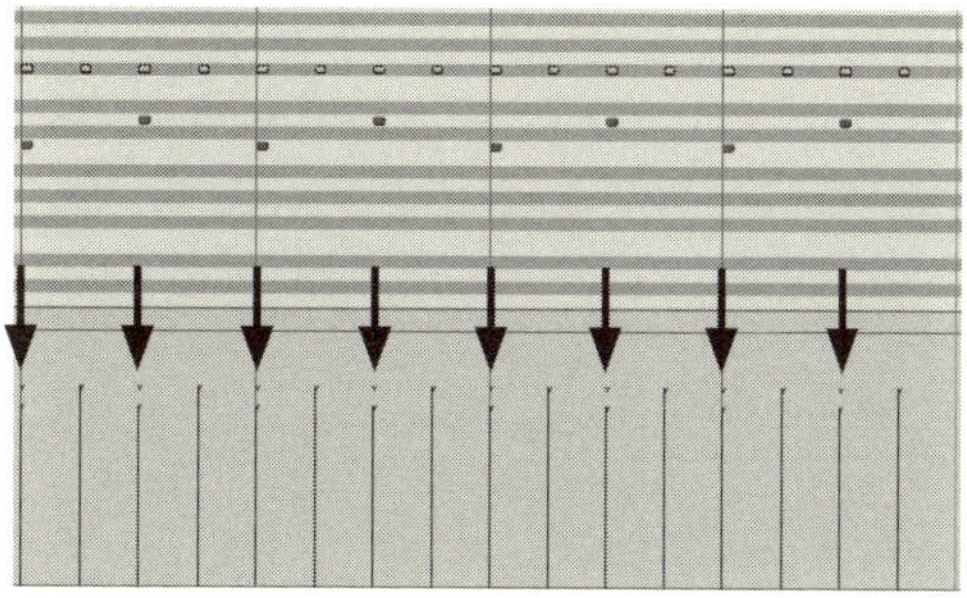

音源にもよるがこれくらいの変化では足りない。聞いた感じでは、これではまだベタ打ちの範囲内だ

図Ⓑ　ベロシティ調整　パターン2

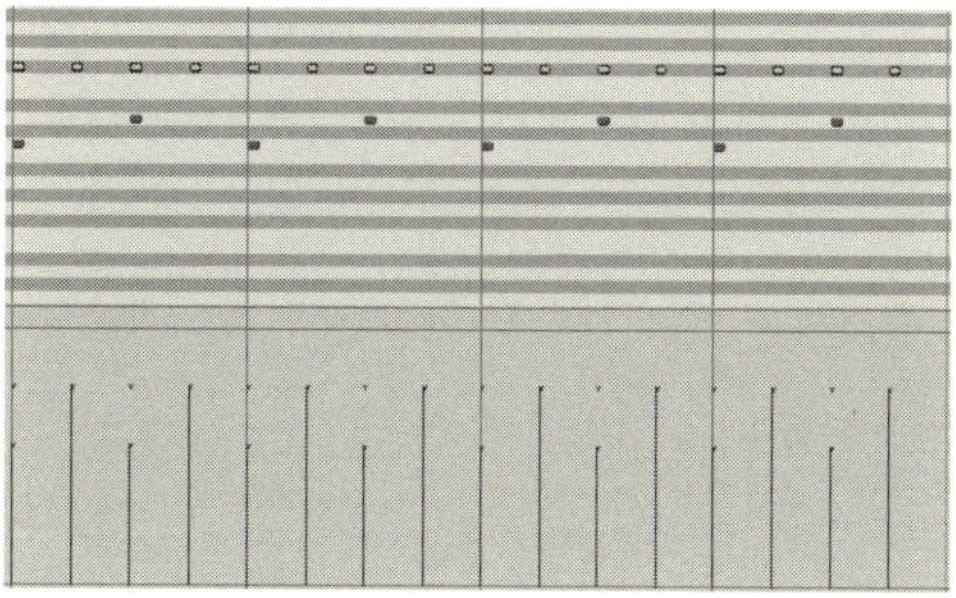

聴いてみよう

07「ベロシティ・2」

オーディオファイル07では、ここまでの「ベタ打ち」「パターン1」「パターン2」が続けて演奏されている。ベタ打ちだけの**オーディオファイル06**では、あまり不自然に聞こえなかったかもしれ

ないが、こうして比べて聴いてみると、その不自然さがハッキリとわかるのではないだろうか。
次の**オーディオファイル08**では、これまでの３つのパターンに続けて、さらに次の４つのパターンも録音してみたので聴き比べてほしい。

聴いてみよう
08［ベロシティ・３］

▼ベロシティ調整　パターン3

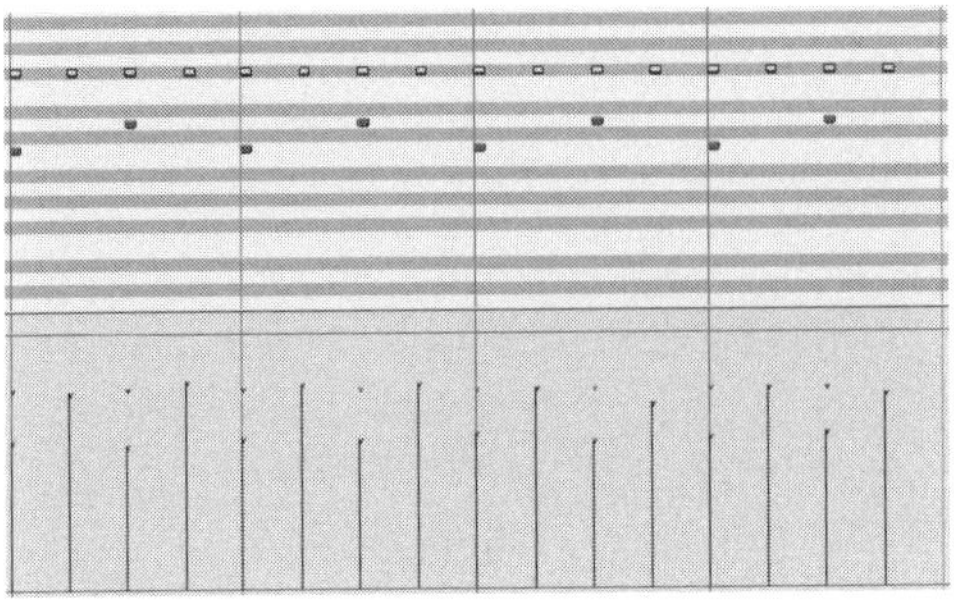

「弱ー強ー弱ー強」の順番に変わりはないが、毎回、弱さ強さがほんの少しずつ変化するパターン

▼ベロシティ調整　パターン4

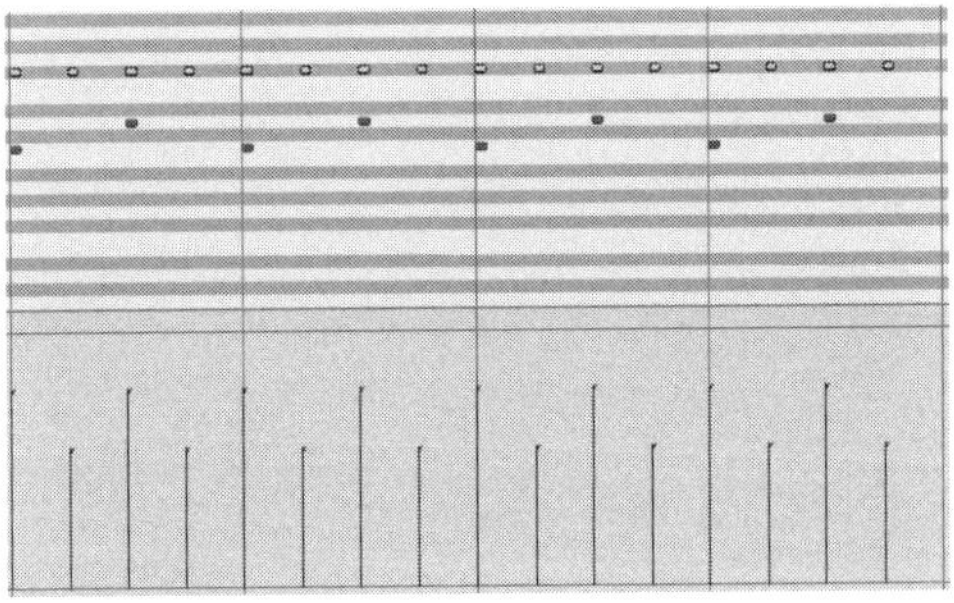

「強ー弱ー強ー弱」のパターン

▼ベロシティ調整　パターン5

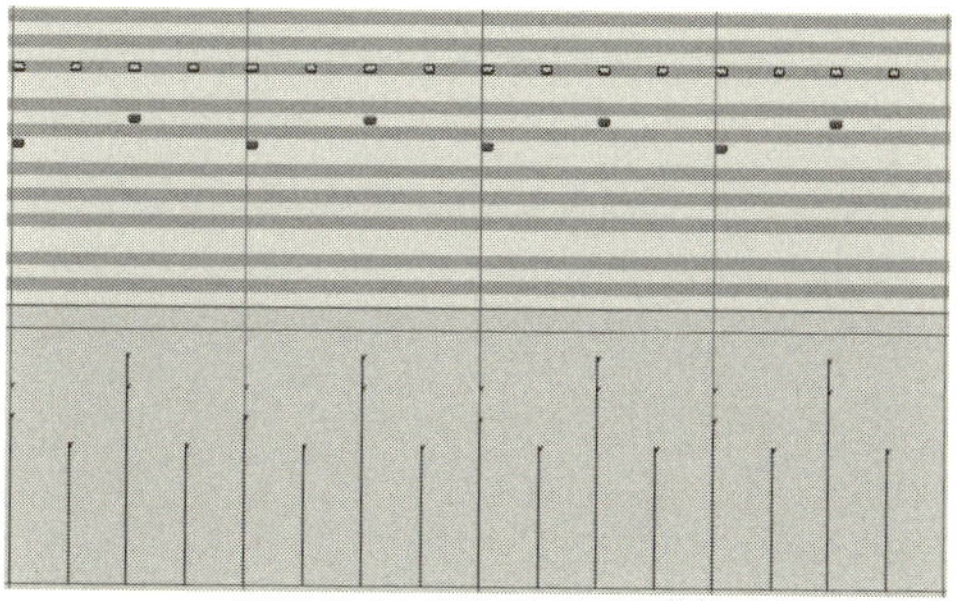

「中弱ー弱ー大強ー弱」のパターン

▼ベロシティ調整　パターン6

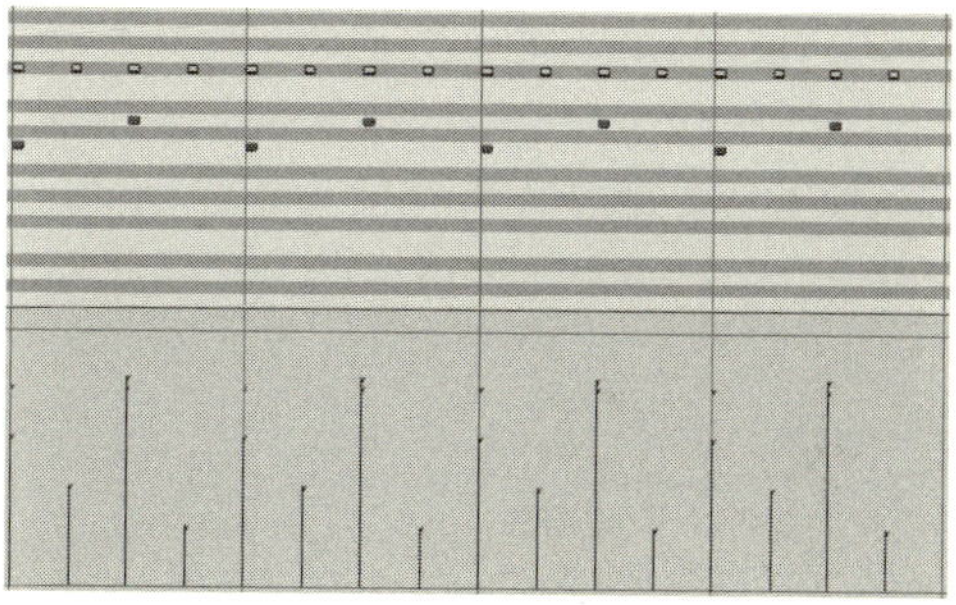

「中弱ー弱ー強ー微」のパターン

ベロシティの変化パターンは、曲の方向性を左右する。結果的に均一のベロシティがその曲にあえばそれも表現の1つだが、変化をつける場合はこれらのように、変化幅を大きくしたほうが多くの場合には良い結果となる。

音符の発音タイミングに気を配る

音符の発音タイミングも、ベロシティとともに演奏上とても重要となるので、積極的にコントロールするといい。

では、〝音符の発音タイミング〟とはどういうことか。またそれがどのような効果をもたらすのか。

次のコードをピアノで演奏する場合を例に説明しよう。

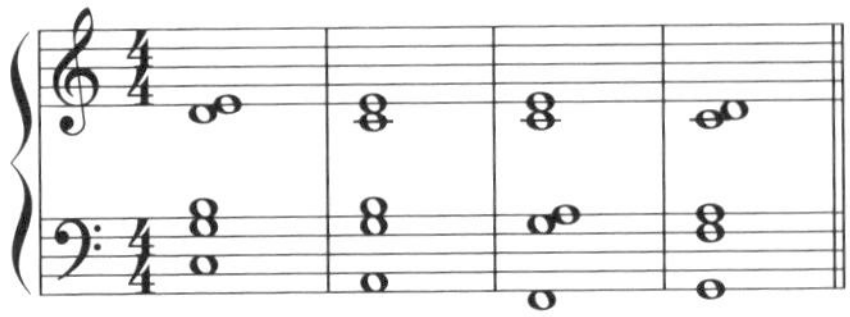

▼パターン1　手弾きで入力したデータ

ペダルのON／OFFを示している。
ペダルについては124ページ参照

これを音楽ソフトに手弾きで入力したデータをピアノロール画面で見てみよう（上図）。オーディオファイルは09。

聴いてみよう

09［発音タイミング・1］

1小節めのコードでは〝レ〟の音が際立って聞こえ、2小節めのコードではぶつかる音（〝シ〟と〝ド〟）がきれいに響き、3小節めのコードで少しマイルドになる演奏だ。

1小節めを拡大してみよう（次ページ図参照）。ベロシティがさまざまに変化しているだけでなく、コードの5つの音は適度にズレて演奏されているのがわかる。

▼1小節め

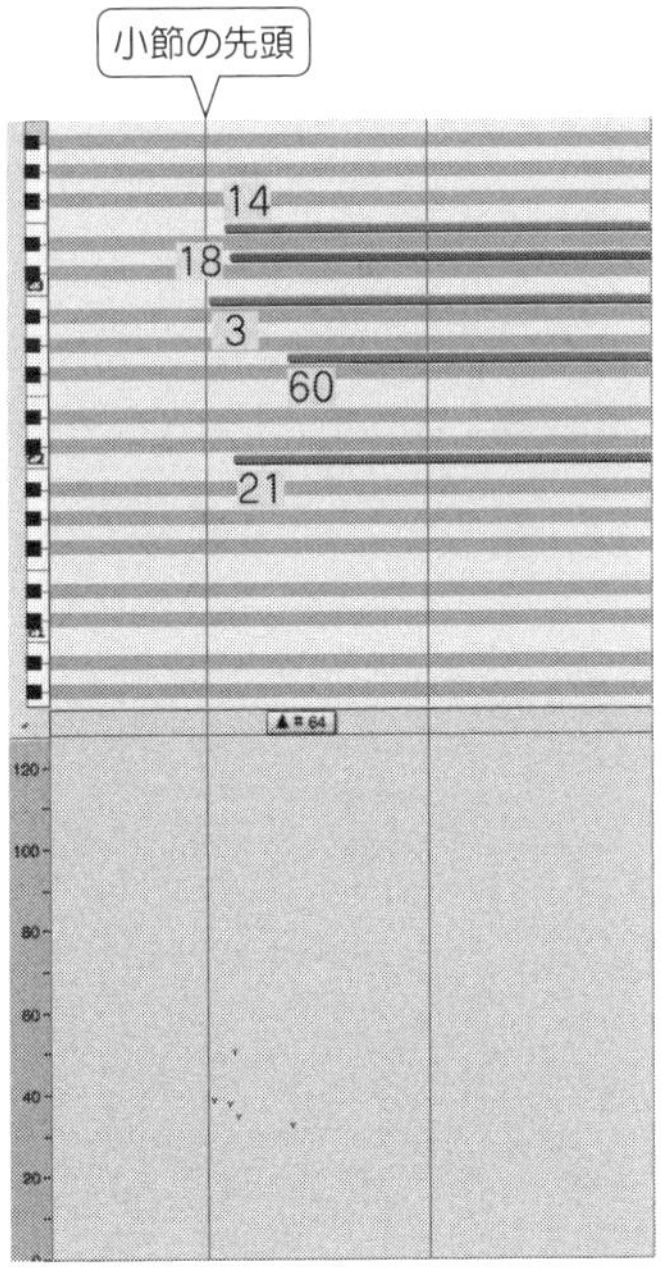

図に記された数字は、小節の先頭を〝0〟として、4分音符を480分割した場合の各音の先頭位置を示している。単位は〝ティック（tick）〟解説。このズレがベロシティとともに〝演奏の味〟になる。

試しに、この演奏のズレをなくし、すべての音の先頭をそろえてみた。

強弱はそのまま残っているのである程度の表情はあるものの、そろえる前のものと聴き比べると、味の薄い淡白な演奏になっているのがわかる。

解説 ティック（tick）

音楽ソフトで音符の位置を決める単位。これを使うことで音符の詳細な位置を把握することができる。

1ティックの長さは4分音符の分解能（480や960に設定することが多い）により異なる。また実際の長さは曲のテンポによって変わる。たとえばテンポを120、分解能を480にしたときの1ティックの長さは、およそ0.001秒となる。

▼すべての音の先頭をピッタリとそろえてみた

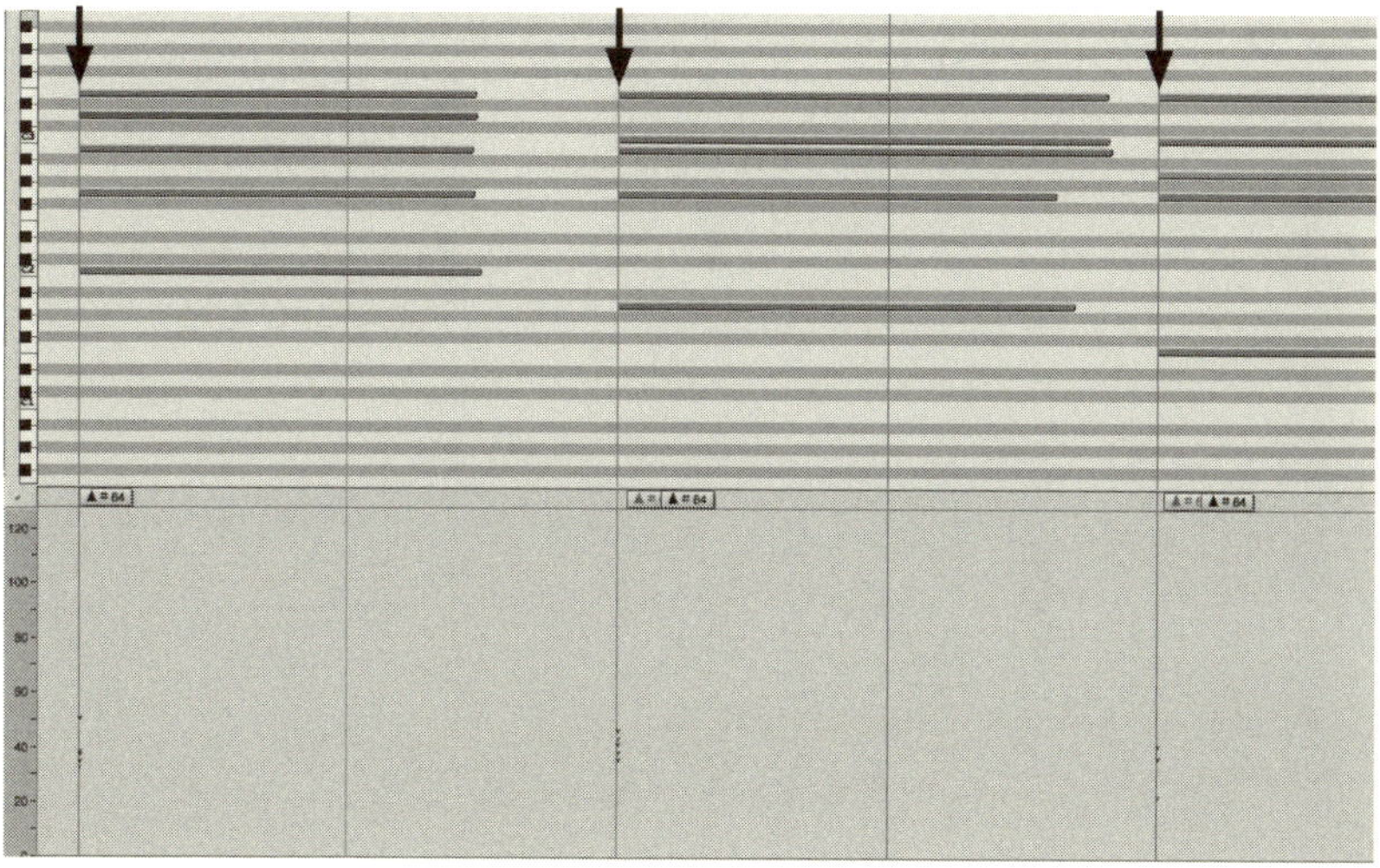

もう一度同じコードを弾きなおして、違うニュアンスになった演奏を用意したので聴いてほしい（左図Ⓐ）。今度は、２小節めのコードでぐっと感情がこみ上げ、４小節めでしっとりと落ち着く感じになっている。最初の演奏とはまた、違った味になっている。自分の表現したい音楽をこのように作っていくことが重要なのだ。

聴いてみよう

11 ［発音タイミング・3］

一般的に、高いほうの音のベロシティが大きければサウンドは明るく、低いほうの音のベロシティが大きいと重厚なサウンドになる。

また、ほんのわずかであっても早く発音された音は、ほかの音より聞こえやすい傾向にある。

参考までに、ズレもなくベロシティも一定のオーディオファイルも用意した（左図Ⓑ）。このように変化のない演奏は次の音を容易に予測できてしまうので飽きてしまう。リアルタイム入力（次項参照）以外の方法で入力している人は、このような平板な演奏になってしまう傾向にあるので気をつけよう。

聴いてみよう

12 ［発音タイミング・4］

図Ⓐ　パターン2（オーディオファイル09とはベロシティもズレ具合も異なっている）

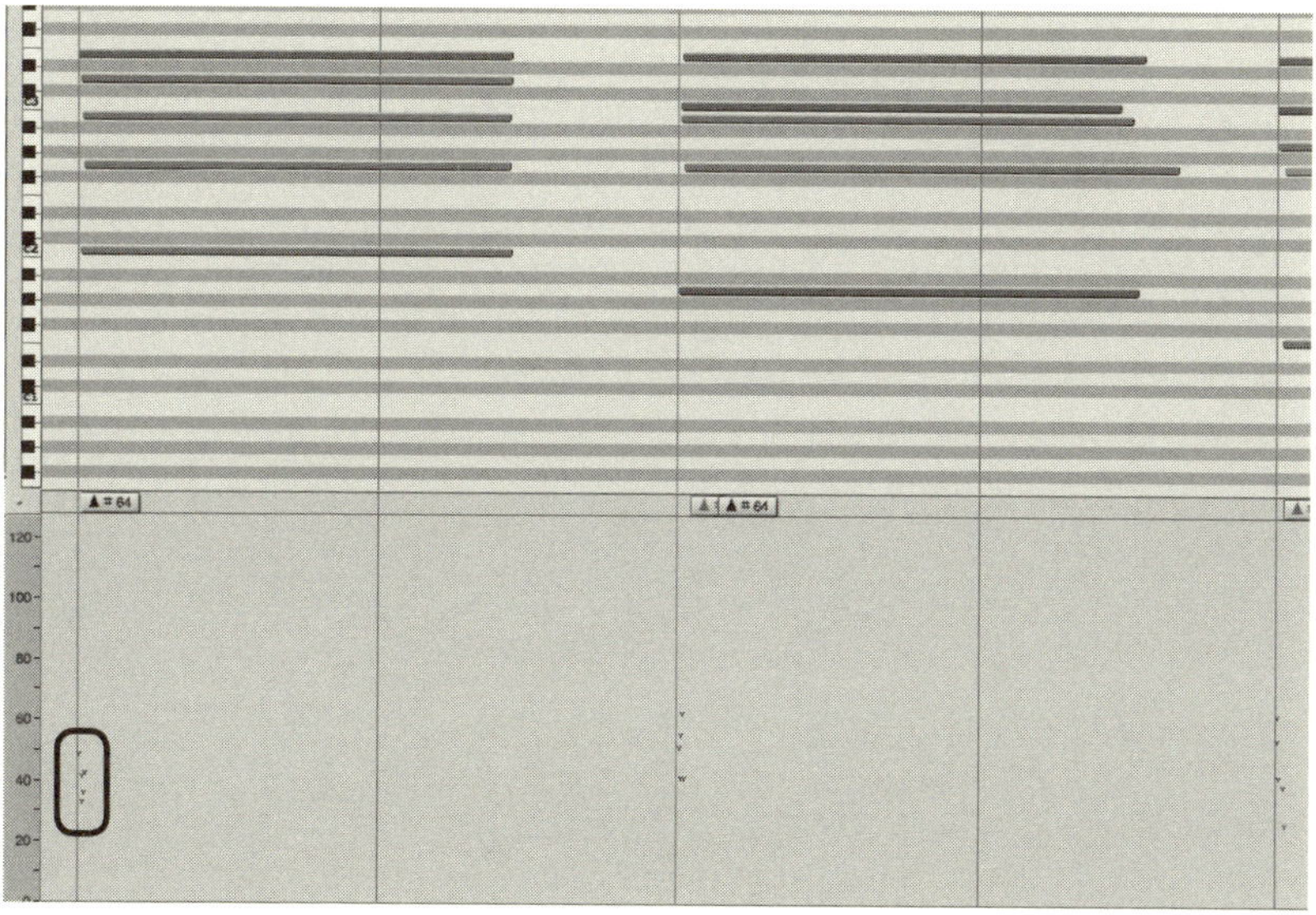

図Ⓑ　ズレがなく、ベロシティの変化もない

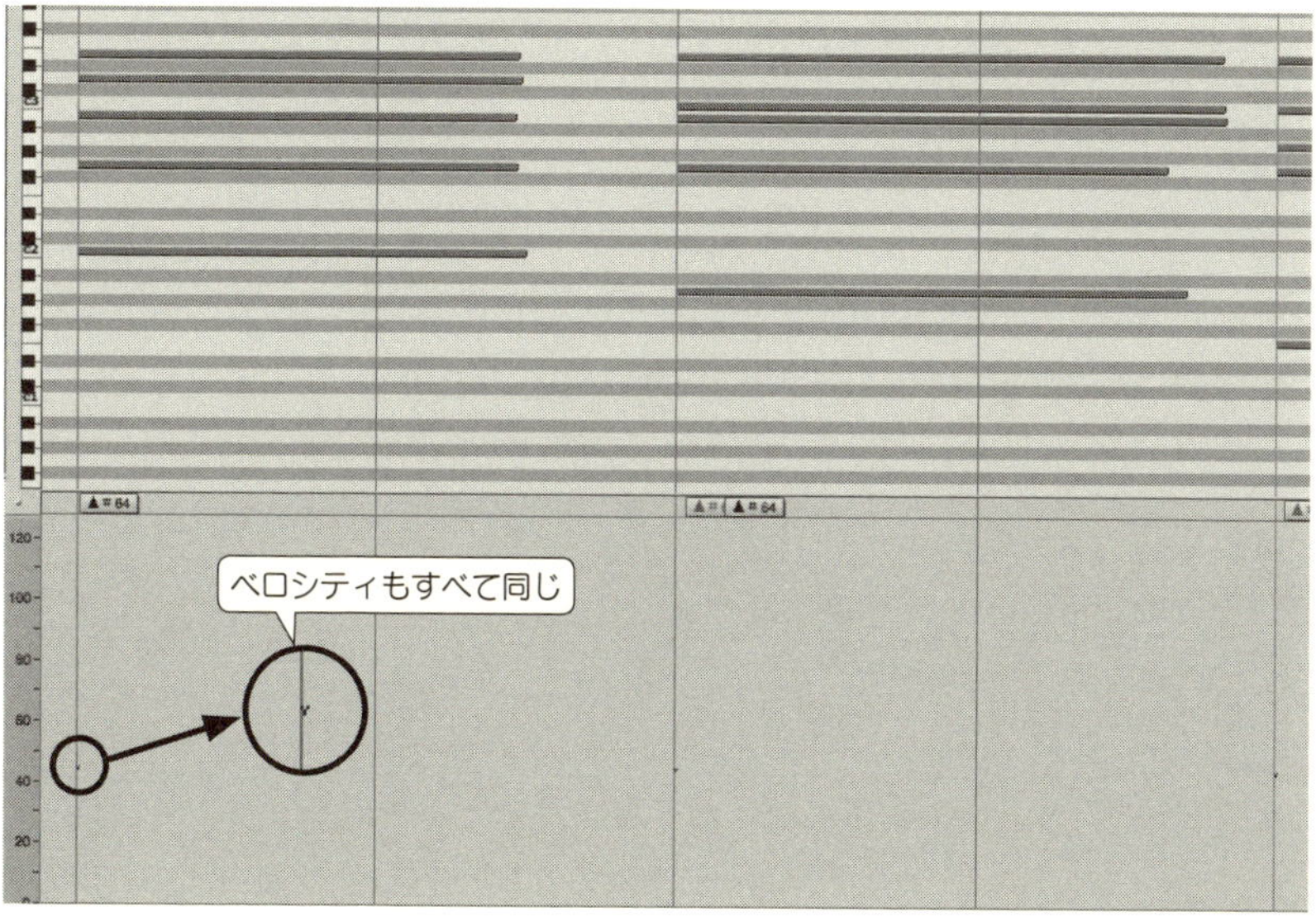

音の長さに気を配ろう

強弱、タイミングに次いで重要なのは音の長さだ。次のベース・フレーズを使って説明しよう。

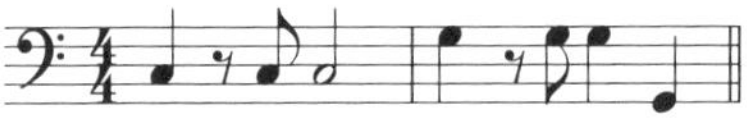

まずは、この楽譜をそのままベタ打ちしたものを聴いてみよう。4分音符、8分音符、2分音符、すべてが音符の長さどおりに入力されている。

聴いてみよう

13「音の長さ・1」

▼ベタ打ち

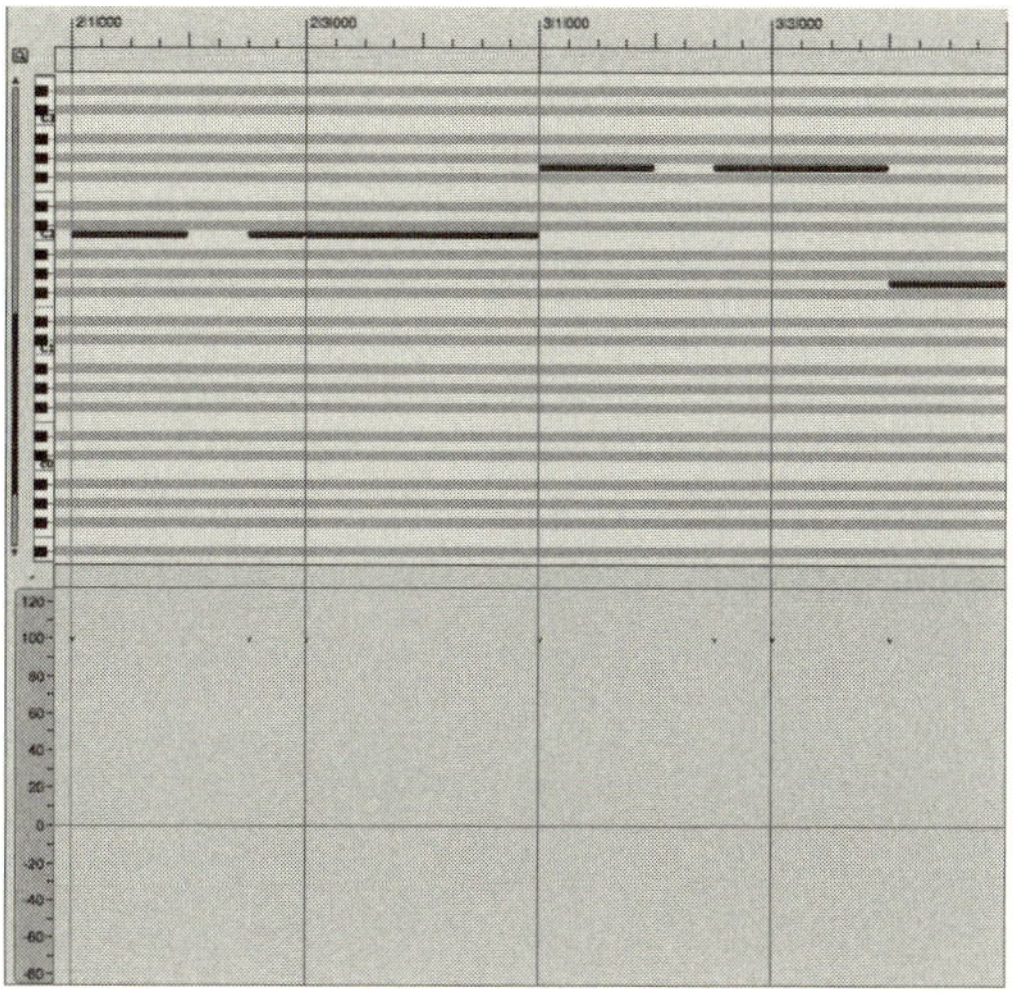

このままでは、だらだらした感じの演奏に聞こえるので、ベロシティに変化を与えた。

聴いてみよう

14「音の長さ・2」

▼ベロシティを調整した

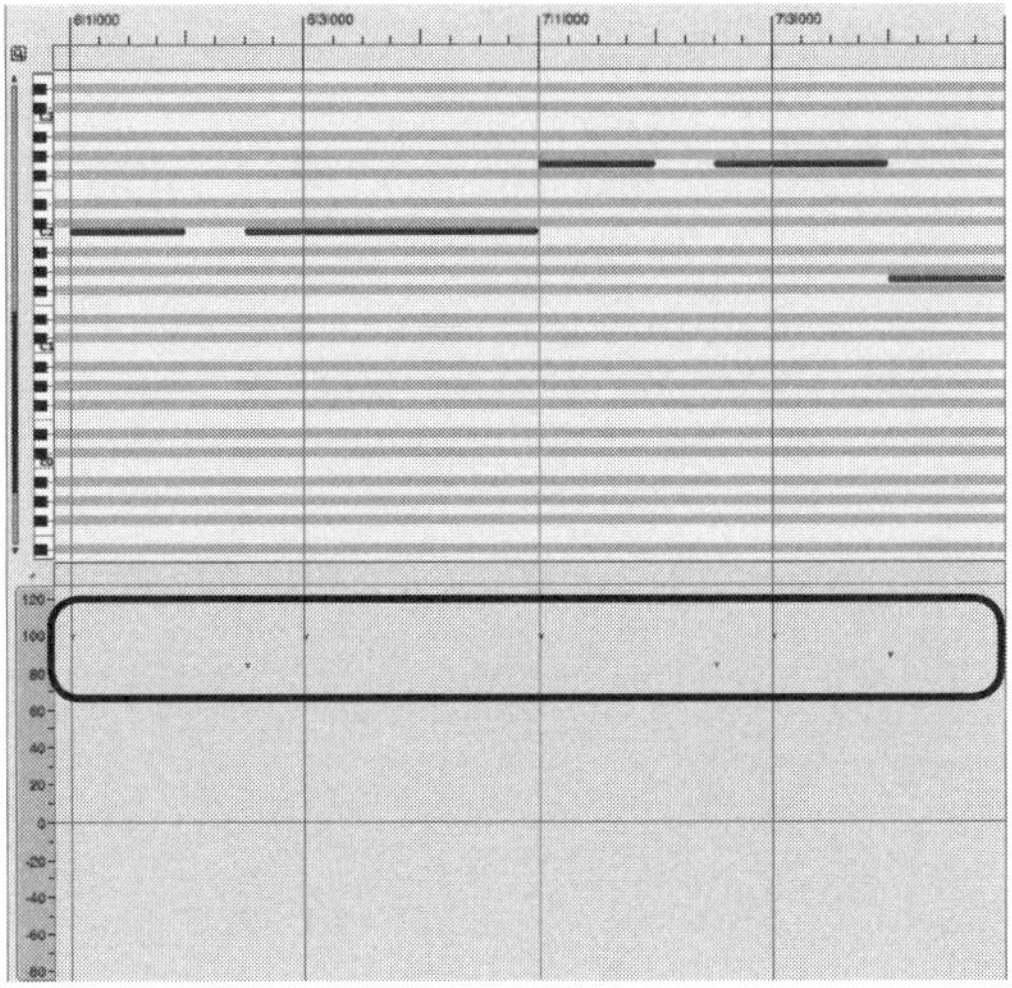

かなり良くなったが、まだどことなくゆるい感じに聞こえる。そこで、今度は音の長さを調整してみた。

図30　長さを調整した

▼長さを調整した

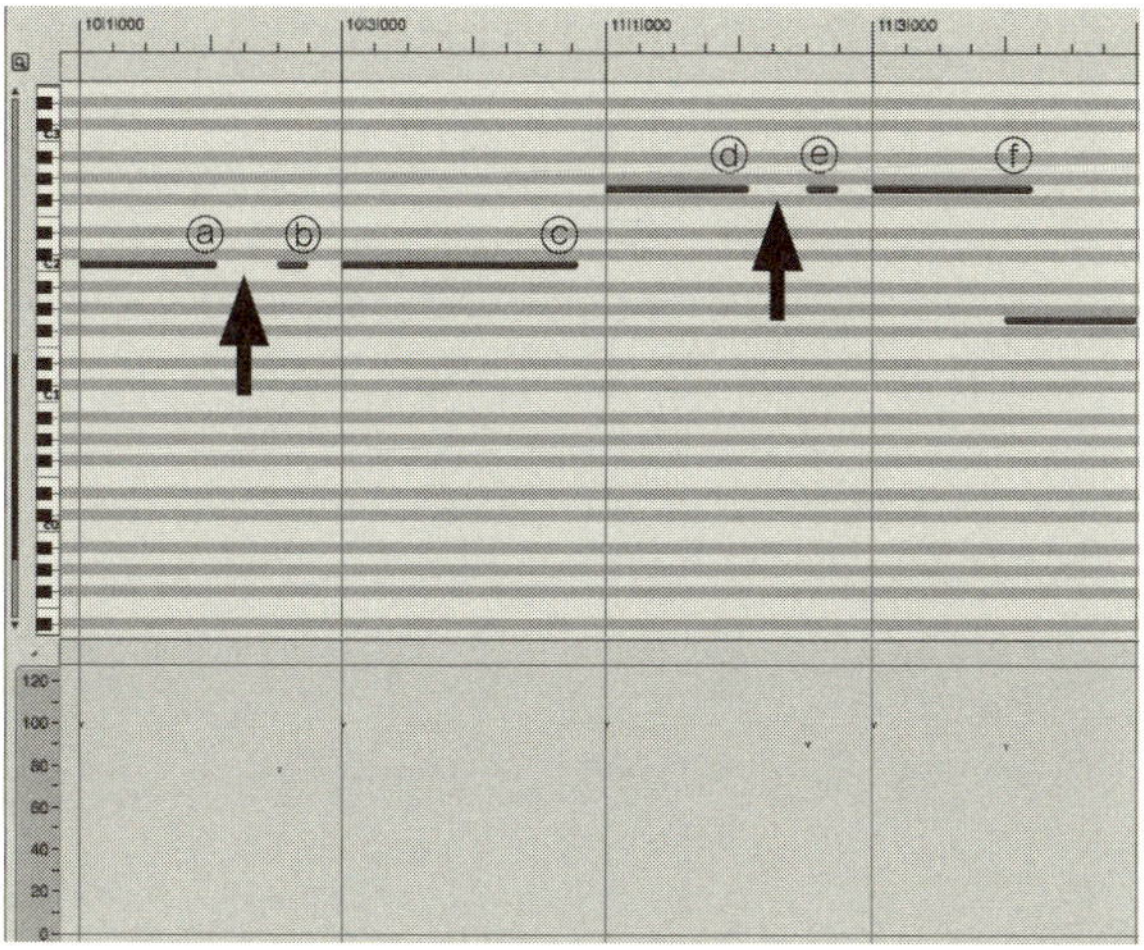

どうだろうか。長さを調整する前に比べて、生き生きとしたベースになったと思う。

では実際に、ⓐから順に、どのように調整したのか、1つずつ解説していこう。

まずは休符に注目してほしい。このフレーズには2つの8分休符が含まれている（上図矢印部分）。休符は、そのままではだらだらとした演奏に聞こえてしまうことがある。そこで、休符を締まった感じに聴かせる技を紹介しよう。それには、その手前の音符を規定の長さではなく、少し休符に入り込むくらいの長さにするといいのだ。ⓐでそれを見てみよう。

４分音符の長さは４８０ティック（分解能が４８０の場合。66ページ参照）だが、ここでは24ティックプラスした。

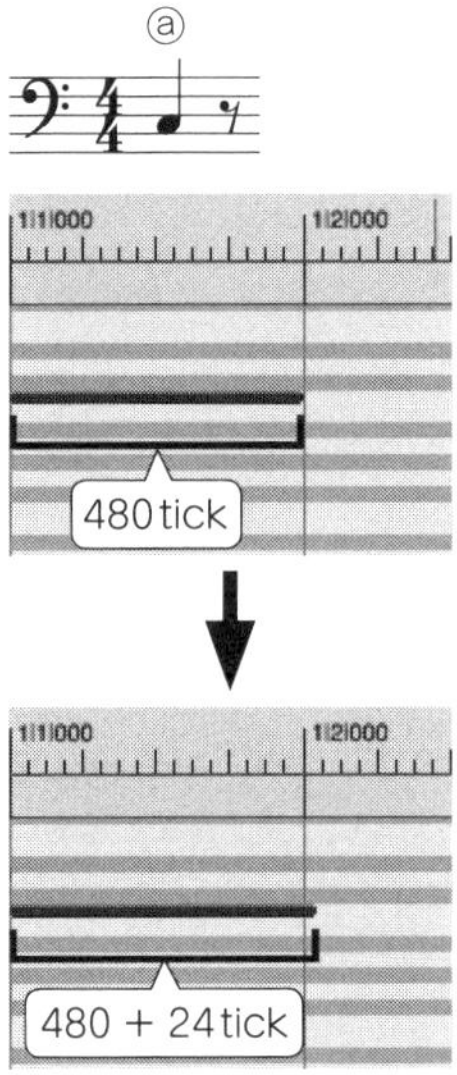

追加する長さに決まりはなく、聴いた感じで決めればいい。実際にこの次の小節の同様箇所（前ページ図ⓓ）では、38ティックプラスしている。

次は裏拍の８分音符ⓑだ。曲調やテンポ（ミディアムテンポ以上）にもよるが、規定の長さ（２４０ティック）より短くするか、ベロシティを下げるか、あるいは両方を併用するとノリが良くなる。規定の長さのままではなく、積極的に調整していくようにしよう。

ⓑの８分音符は少し軽い感じにしたかったので短くした。８分音符の長さは２４０ティックだが、ここでは半分くらいの１２１ティックがちょうど良かった。

また、長さとベロシティは密接に関連している。たとえばベロシティが80では弱すぎで、81では強すぎる場合、長さを調整することで解決することはとても多い。自分のフィーリングにあうまで両方を調整しよう。

ⓑ

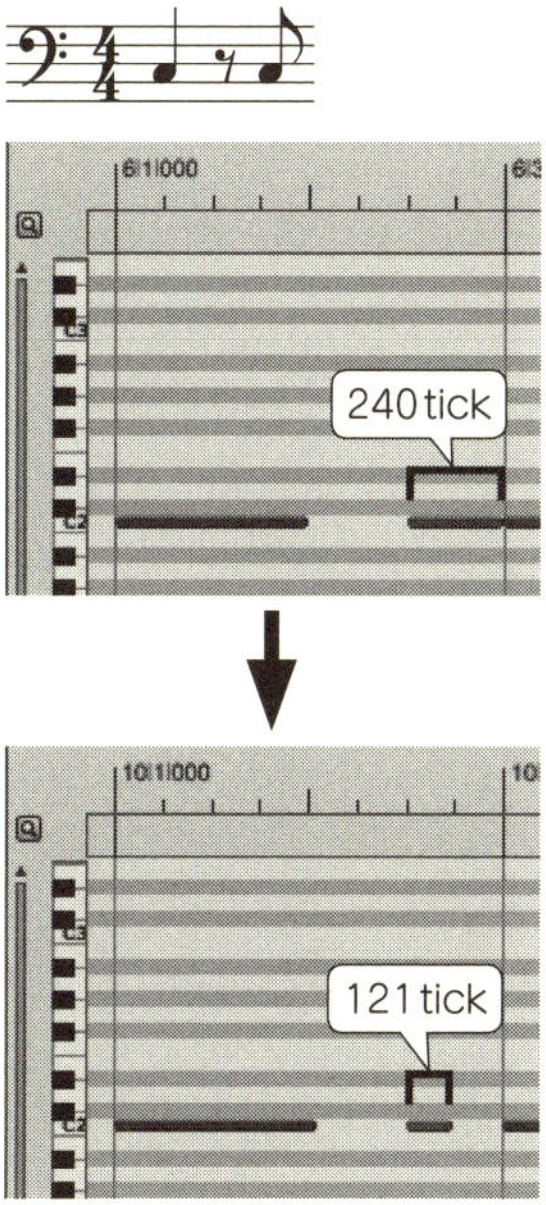

次のⓒのように、少し離れた音へ移動する音の場合、目いっぱい延ばすのもいいが、少し短くするのもいい。

ⓒ

ここでは、２分音符の長さは４８０＋４８０ティックだが、４８０＋３８３ティックと、97ティック短くした。

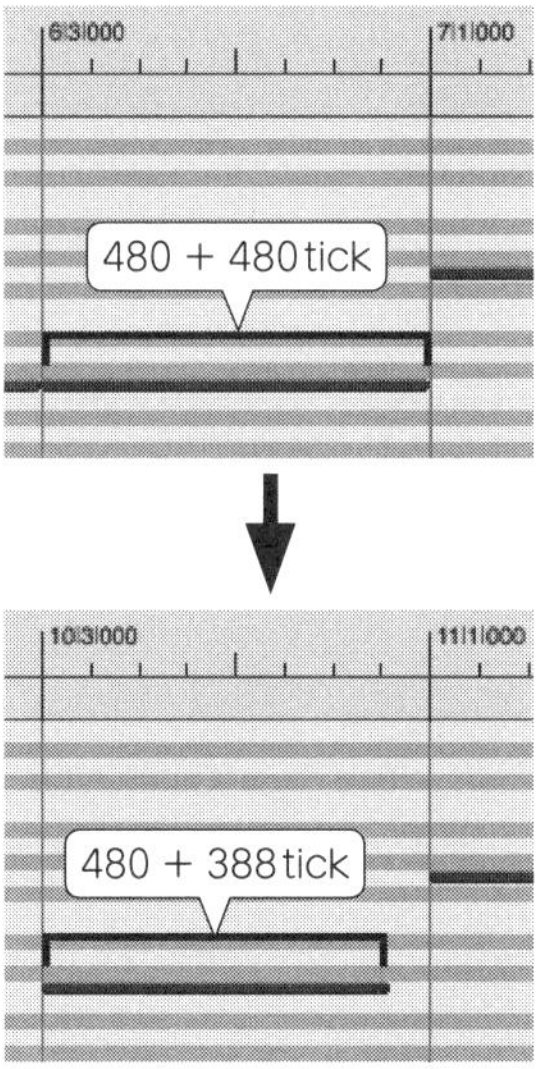

ⓓⓔは、ⓐⓑと同じリズムだが、同じリズムだからといって同じだけ長く（短く）すればいいというわけではない。いつでも実際の音をよく聴いて、自分のフィーリングにあった長さに調節しよう。ベースならエア・ベースのように、ギターならエア・ギターのように、実際に楽器を弾いているように体を動かすと、〝こう演奏したい〟というアイデアが生まれてくる。

ⓓは４分音符の４８０ティックに38ティック加え（ⓐではプラス24だった）、ⓔは１２２ティック減らした。またⓔは、ベロシティにも調整を加えた。

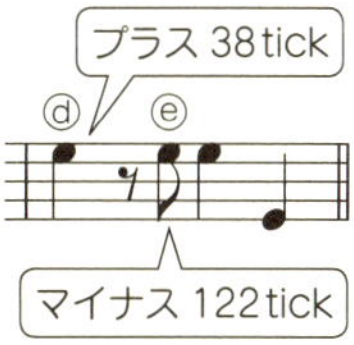

次の４分音符ⓕは、本来の長さよりプラス１０２と大幅に延ばした（図Ⓐ）。こうすると次の１オクターブ下の音と重なって聞こえてしまうが、あえてそうした。

フレットボード（図Ⓑ）で見ると、右上の〝G（ソ）〟を押さえたまま左下の〝G（ソ）〟を弾くということになる。このように一瞬ではあるがベースを重ねることで厚みのある響きを出すことができる。

図Ⓐ

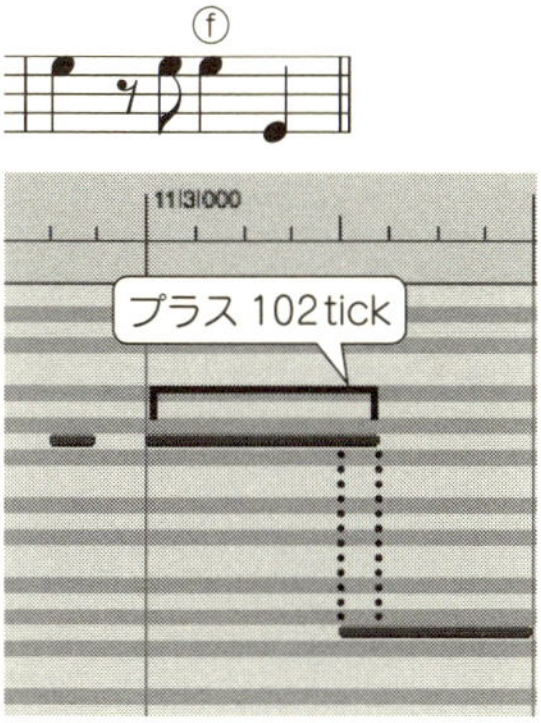

図Ⓑ　フレットボード

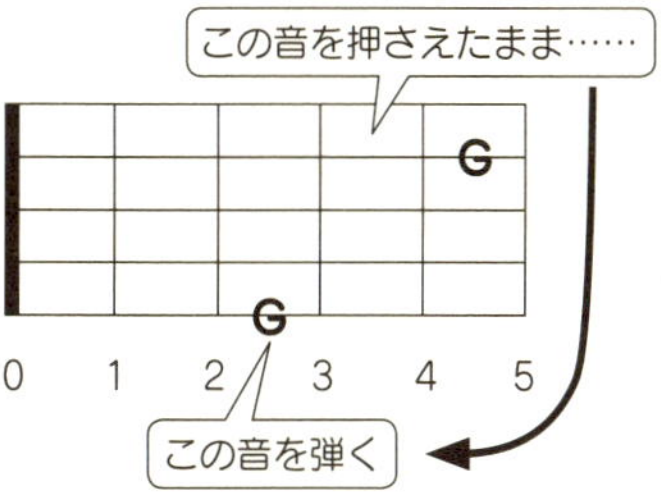

ここまで見てきたように、演奏の表現は「ベロシティ」、「発音タイミング」、「長さ」を使って自由自在にコントロール可能だ。なぜなら、人が楽器に与えることができる物理現象は、ギターのチョーキングなど特殊なものを除けば、ほとんどこの3つに絞られるからだ。

> **解説 リアルタイムモード**
> 数字やMIDIキーボードの鍵盤を使って音符を1つひとつ入力する"ステップ入力"に対して、MIDIキーボードの鍵盤で演奏したものをそのまま録音する方法。強弱やタイミングのズレなども、そのまま記録される。

リアルタイム入力のススメ

音符を入力する際は、解説**リアルタイムモード**で入力することをぜひおススメしたい。というのも、リアルタイム入力では、前項で説明した重要なベロシティや発音タイミングに、自然なバラつきをもたせることができるからだ。

良い感じに弾けるように練習してから、録音に臨もう。それでも、イメージどおりに弾くためには、ある程度のテクニックが必要になる。もし、イメージどおりに演奏できなくても、録音したバラつきを活かして、自分の描いたイメージになるようにピアノロール画面であとから修正を加えればOKだ。

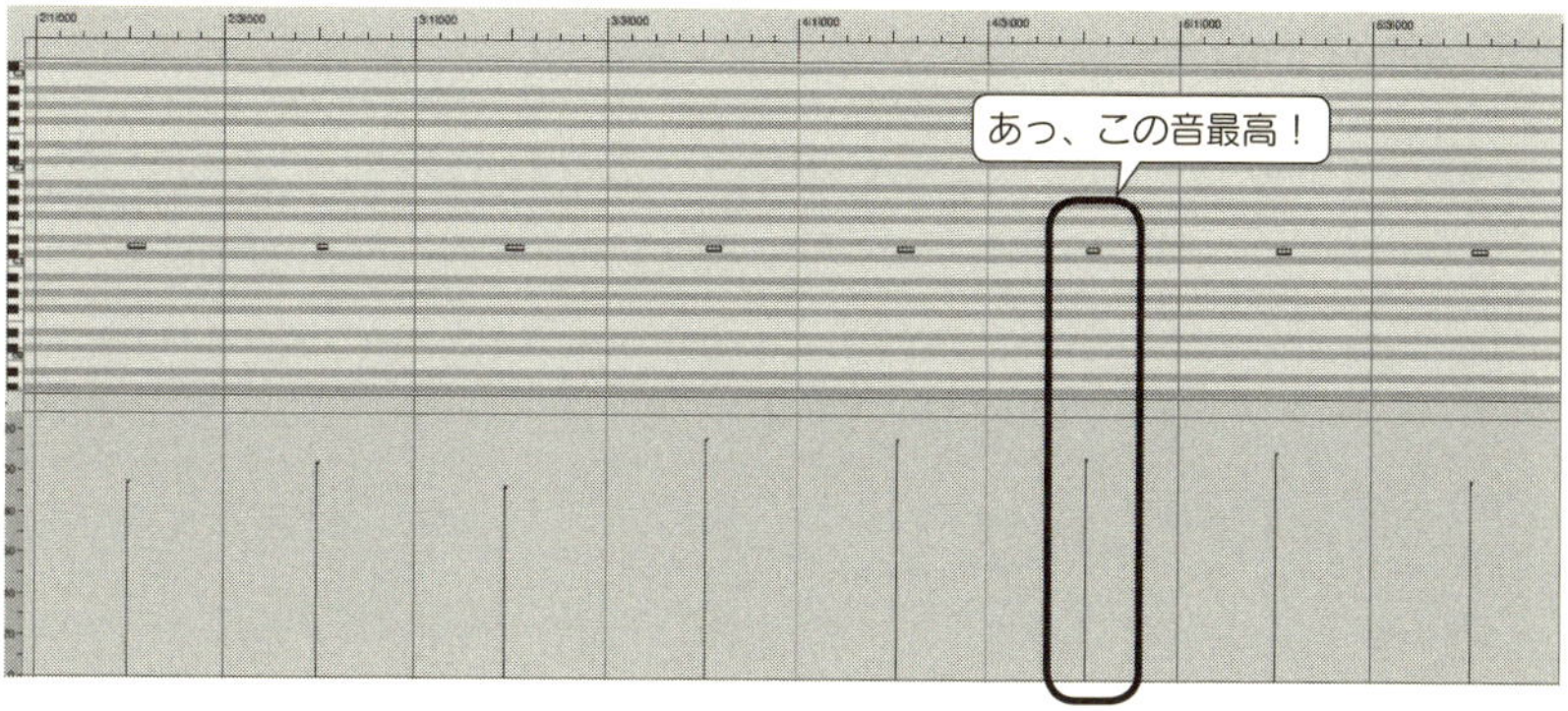

リアルタイム入力の有用性は、これだけではない。リアルタイム入力は、音源のなかに潜《ひそ》む良いサウンドを引き出すことも得意だ。たとえば、曲にあわせてスネアドラムをリアルタイム入力するとしよう。

音を聴きながら録音・演奏しているだけで、さまざまなベロシティ、長さ、発音タイミングのスネアドラムが入力できる。何小節か演奏していると、あるとき急に、「あっ、この音最高！」という音が耳に飛び込んでくることがある。そうしたら停止してその音のベロシティなどの情報を確認して、それをスネアドラムの基本とすればいい。これで、すべてのスネアドラムを〝最高の音〟にすることができる。

同じことをステップ入力でやろうとしても〝この音最高！〟と思える瞬間はなかなかやってこない。ステップ入力では、無限ともいえるベロシティや長さ、発音タイミングの組みあわせのなかから、最高のものを見つけ出すのは、なかなか難しいのだ。

ボイシング

次のコード進行を使って、キーボードやパッドなどのコードワークを入力する際に気をつけたい点を解説しよう。

コード進行

| C | F | G7 | C ||

まず、1小節めのコードCから見ていこう。

左手は、ベース音を単音か1オクターブで重ねて弾くのが基本だ。

コードCは〝ドミソ〟でできているので、右手はそのコード音を押さえることになるが、このとき、何通りかの配置（解説）**ボイシング**）が考えられる。

左手は動かさずに、右手を次第に高くボイシングしてゆくと……

さらに高くしていくことも可能だが省略した。

今度は逆に低いほうへボイシングしてゆくと……

右手が4音からなるボイシングもある。高いほうへボイシングすると……

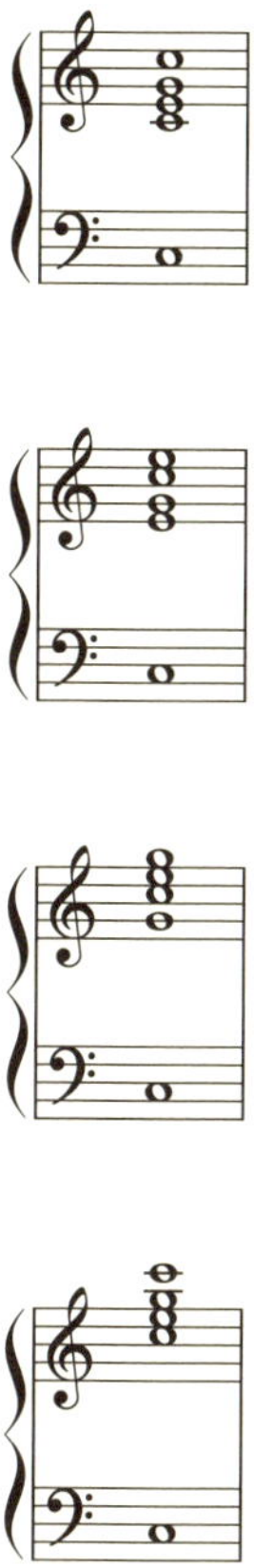

低いほうへボイシングすると……

解説　ボイシング

同じコードでも音の重ね方によってサウンドが変わる。この、音の重ね方を〝ボイシング〟という。その曲にあったボイシングをすることが、作品のクオリティアップには欠かせない。

ここまでで12通りのボイシングがある。

さらに左手の可能性を考えると、

の3通りがあり、右手のボイシングとかけあわせると、全部で36通りのボイシングとなる。

【注意】左手は、さらに1オクターブ低い「ド」も可能性はあるが、そこまで低い音はあまり使われないのでここでは考えないことにする。

曲を作る際は、この36通りのなかのどのボイシングでスタートするかをしっかり吟味しなければならない。手癖とかそういうことではなく、その曲にあったボイシングであることが重要だ。高いほうのボイシングは軽い感じになるし、低いほうは重い感じになる。また右手は3音より4音のほうが厚みが出る。もちろん、先のベロシティによっても響きは変わる。

自分のフィーリングで決めればいいが、コードのなかの一番高い音はどれがしっくりするかという視点からボイシングを決めるのがやりやすい。すでにできているほかのパートがあれば、それを聴きながら決めるのもいい。

〝決まり〟というほどのことではないが、ボイシングのトップの音をメロディとは違う音にすると、うまく響きやすい傾向がある。

左手はコード全体の響きの重さから決めればいい。

ここでは、次のボイシングに決めて先に進むことにする。

２小節め以降も、すべてのコードについて同じように１つずつボイシングしてゆくのかというと、そうではなく、最初のコードのボイシングが決まると、以降のコードのボイシングはある程度絞られる。次に、その過程を解説しよう。

結果からいうと、２小節め、コードＦのボイシングは、次の２つのうちのどちらかになる。どちらにするかはサウンドを聴いて選べばいい。

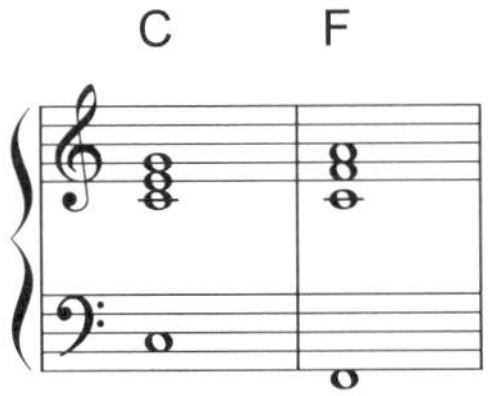

ベースにあたる左手は、１小節めを１音ではじめたので、次の２小節めも１音にする

つまり右手は1種類しかなく、左手のＦ音のオクターブの違いを選ぶだけでいい。

ではなぜ、右手はこの1種類に絞られるのだろうか。

実は、〝**コードが変わるとき、ボイシングはなるべく近い音につなぐ**〟という一種の決まりのようなものがあるのだ。もちろん、この決まりは〝そのほうが聴いた感じが良い〟という先人たちの知恵からきている。コードがＦだからといって、単純にファラドを順番に並べたりはしないのだ。

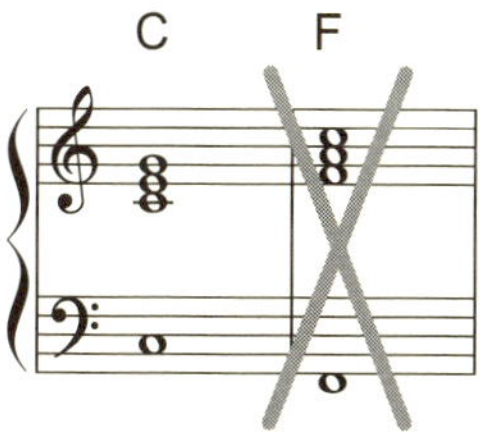

本書は基本的なボイシング法を解説している。特に意図してこのようにボイシングしたければこのような飛躍したボイシングもアリだ

もっとも近い音へのボイシングではないが、大きく飛躍していないのでサウンドが良ければ次もOKだ。

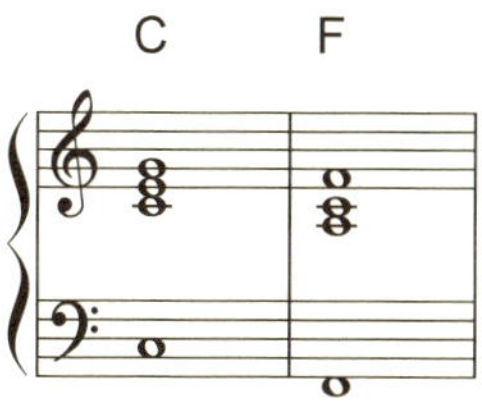

ここでは右ページ譜例の2つめのボイシングを選択した。

次に3小節めのコードG7をボイシングしてみよう。ここでのボイシングは、先ほどの〝決まり〟から次の2通りが考えられる。

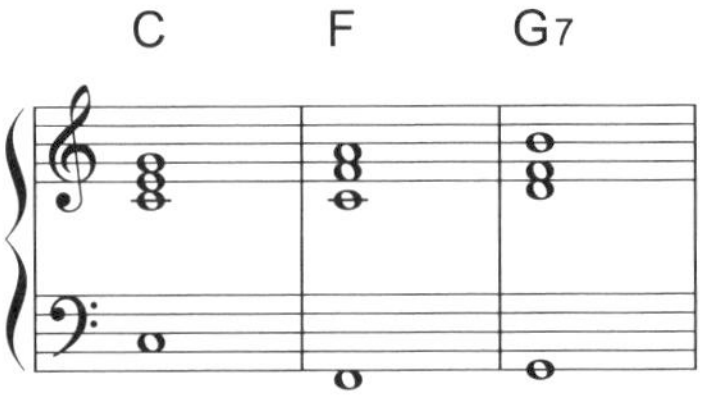

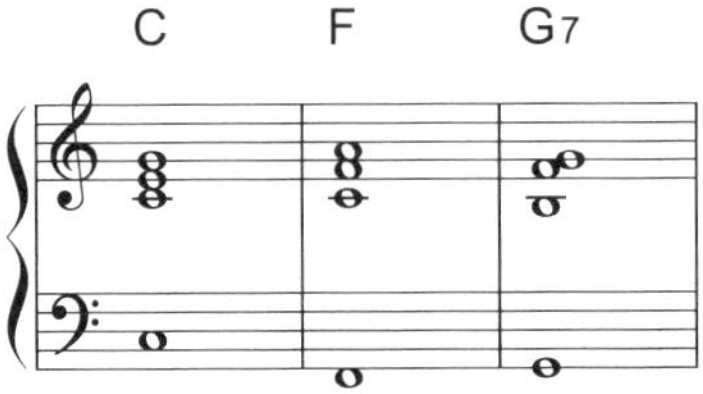

ここで重要なことは、右手を3音ではじめたら、G7のように音が4つあるコードでも3音を続けるということだ。音数が変わると音の厚みが変わってしまうからだ。つまり、ここではG7の4音のうちのどれか1つを省いて3音にしなければならない。G7などのセブンスコードの音のなかで省けないのは、解説 **第3音と第7音**。それ以外のルート音と第5音は省略可能だ。省けない音というのはそのコードの特徴を担っている音であり、省略可能な音はその音がなくても全体の響きにはあまり影響がない音だ。

〝なるべく近い音へボイシング〟という点と、省略可能な音をあわせて考えると、右譜例の2通りのボイシングとなるわけだ。

最後のコードCのボイシングは、3小節めでどちらを選んだかで決まる。

譜例ⓐ

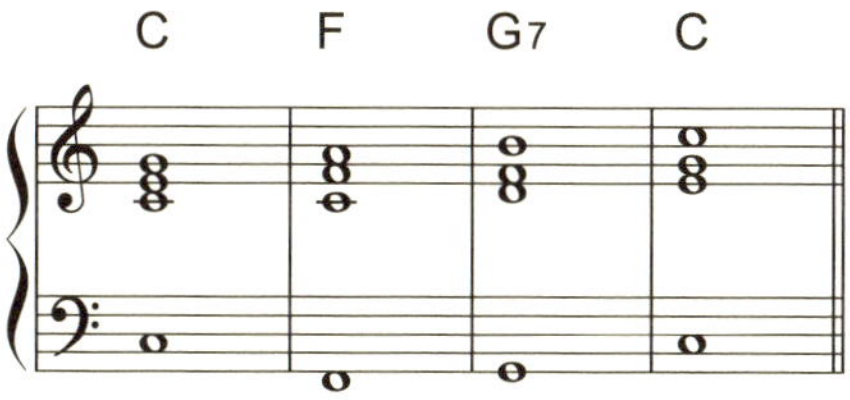

譜例ⓑ

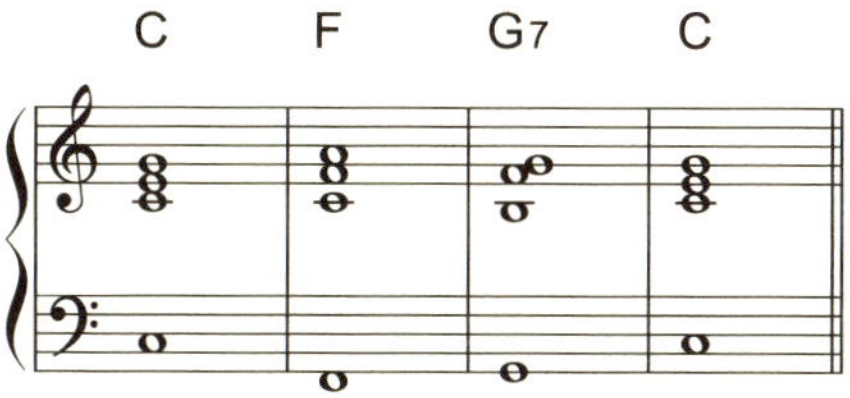

こうしてできたボイシングをもとにリズムを刻めば、コード・パートができる。これはキーボード系のパートだけでなく、さまざまなパートのもとにもなる（次ページ譜例参照）。

解説　第3音と第7音

セブンスコードに含まれる4つの音を基本の形に並べると、となりあう音の音程はそれぞれ「3度」になる（55ページ解説「音程」を参照）。このとき、一番下の音から順に「ルート音」、「第3音」、「第5音」、「第7音」と呼ぶ。

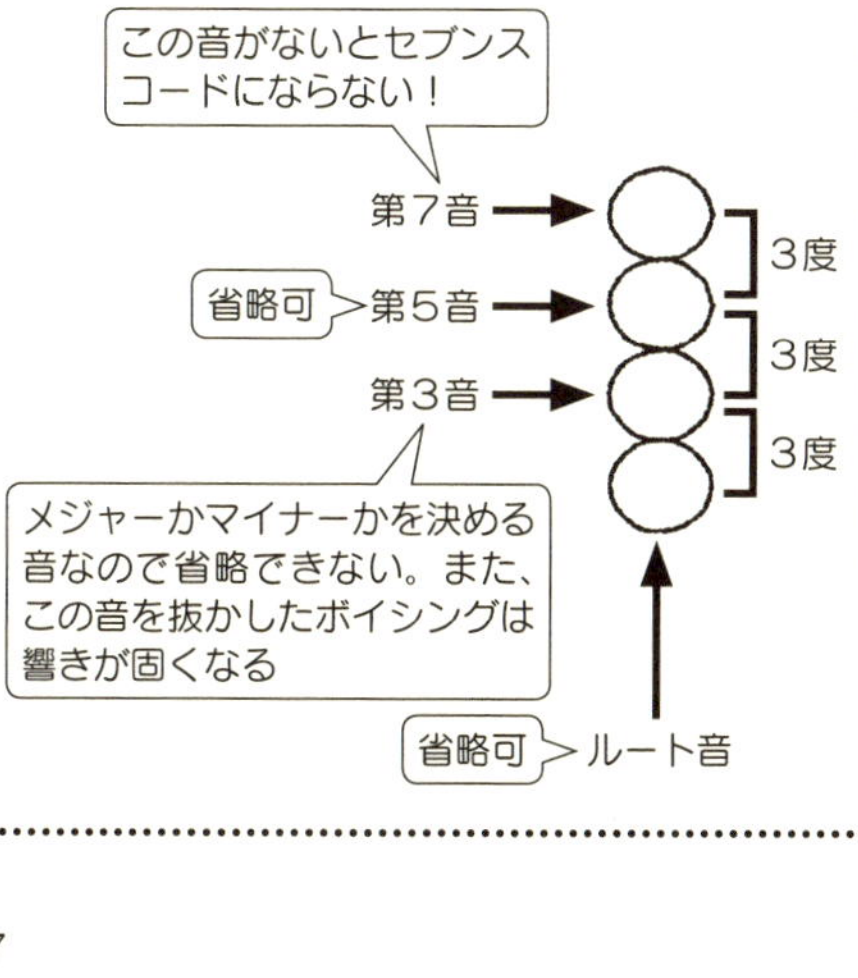

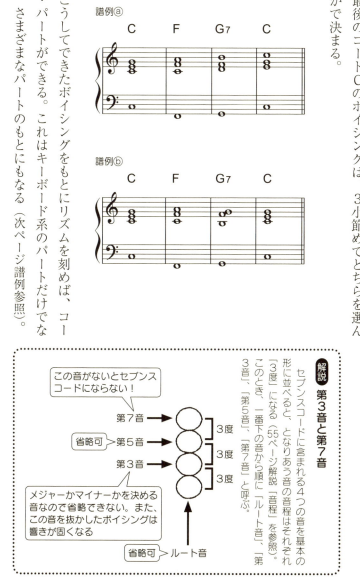

▼エレピなど、キーボード系のパートの例（前ページ譜例ⓐをもとに作成）

▼ピアノなど、キーボード系のパートの例（前ページ譜例ⓑをもとに作成）

▼弦のピチカートの例（前ページ譜例ⓐをもとに作成）

▼シンセサイザーのシーケンスフレーズやハープのアルペジオの例
（前ページ譜例ⓑをもとに作成）

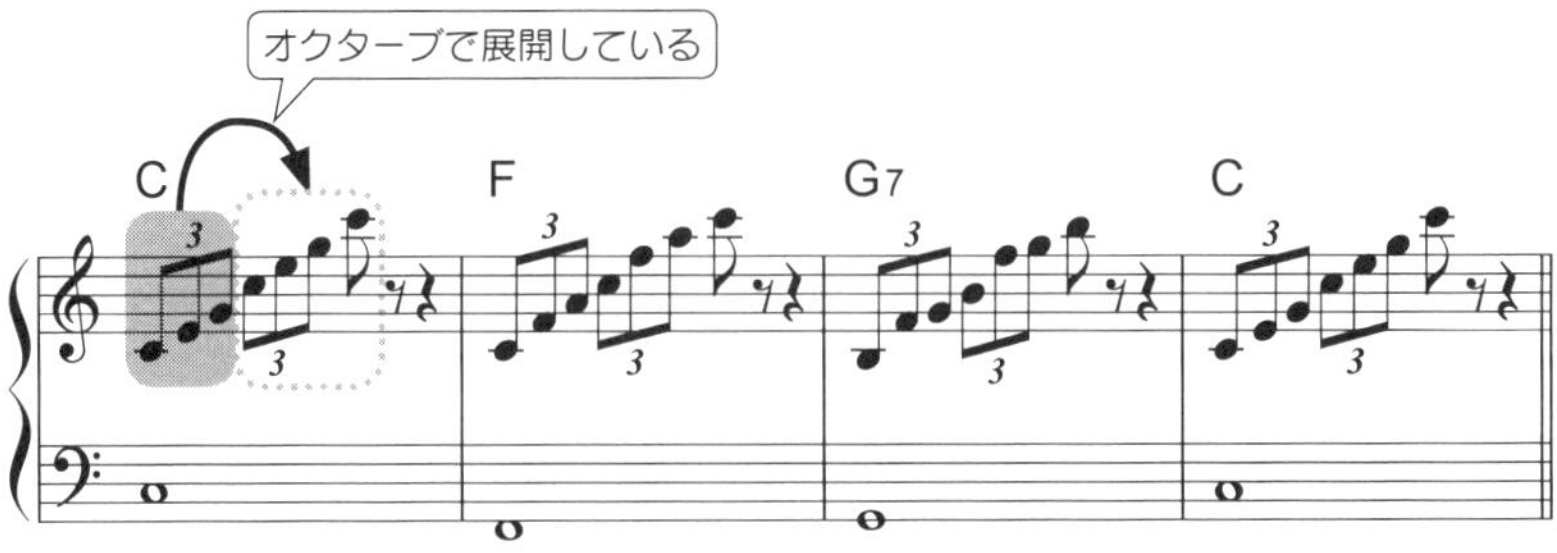

最後に、〝なるべく近い音につなぐ〟という〝決まり〟に従ってボイシングしたギター（**オーディオファイル16**、下**譜例**Ⓐ）と、コードの音をただ並べただけのギター（**オーディオファイル17**、下**譜例**Ⓑ）を、下の譜例を見ながら聴き比べて、その違いを確認してほしい。

聴いてみよう
16　**［ボイシング　ギター・1］**

聴いてみよう
17　**［ボイシング　ギター・2］**

譜例Ⓐ　“決まり”に従った［ボイシング　ギター・1］

譜例Ⓑ　コードを並べただけの［ボイシング　ギター・2］

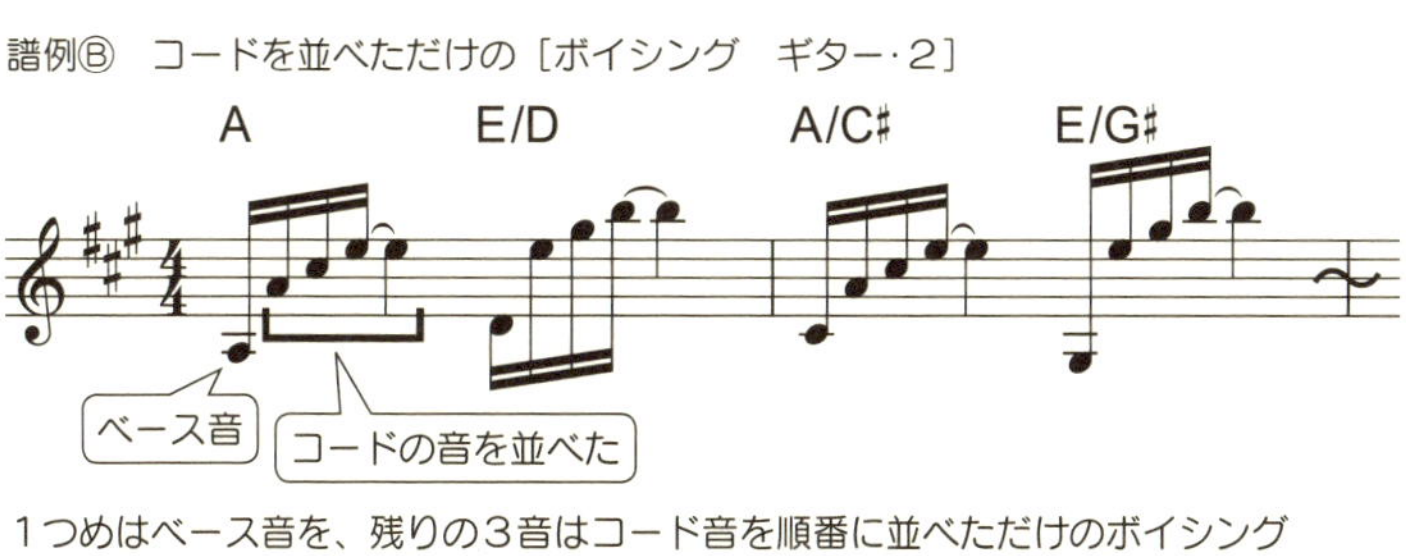

1つめはベース音を、残りの3音はコード音を順番に並べただけのボイシング

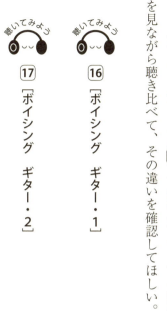

もう1つ、エレピ・パートでも、近い音へつなげたものと順番に並べただけのものを用意した。

聴いてみよう 18［ボイシング　エレピ・1］

聴いてみよう 19［ボイシング　エレピ・2］

このようにコードの音を順番に並べただけのボイシングでは、唐突に音が上下して、音の流れが悪くなっていることがわかっていただけただろうか。

それに対して近い音へつないだボイシングでは、音がスムーズに流れていく。このことは、次項〝各パートをメロディのように考える〟にもつながる。

譜例Ⓐ　“決まり”に従った［ボイシング　エレピ・1］

譜例Ⓑ　コードを順番に並べただけの［ボイシング　エレピ・2］

一番下の音はベース音を、残りの3音はコード音を並べて演奏している

各パートをメロディのように考える

メロディ以外のパートも、**メロディのようにイメージしながら**（解説）アレンジすることが重要だ。

前項の最後に取りあげた2つの例は、実は『耳コピ力《りょく》アップ術』（スタイルノート）という本の耳コピの課題曲として、私がバンド風にアレンジしたベートーヴェンのピアノ曲の一部だ。ここではそのアレンジを使って、「メロディのようにアレンジする」ということを考えたいと思う。

オーディオファイルを用意したので、次ページの楽譜を見ながら聴いてみてほしい。

Piano、Mute Guitar、E-Guitar-1、E-Guitar-2、A-Guitar、E-Piano、Bass、Drums の全部で8パートからできている。

聴いてみよう

20 【ベートーヴェン・1】

> **解説　メロディのようにイメージしながら**
>
> そのパートを自分が演奏するつもりで、歌うようにアレンジすること。「歌心をもって」と言い換えてもいいだろう。
>
> 伴奏パートといえども、大切な曲の一部だ。そのパートだけを聴いてもきれいなメロディになるよう、心がけてアレンジしよう。

Piano
♩=64
A
E/D
A/C♯
E/G♯
Mute Guitar
E-Guitar 1
E-Guitar 2
A-Guitar
E-Piano
Bass
Drums
Piano
A
E/G♯
F♯m7
B7/F♯
Esus4
E
Mute Guitar
E-Guitar 1
E-Guitar 2
A-Guitar
E-Piano
Bass
S
Drums

楽譜（続き）

Piano
E/D
A/C♯
F♯
Mute Guitar
E-Guitar 1
E-Guitar 2
A-Guitar
E-Piano
Bass
Drums
Piano
Bm7
E
E/A
A
Mute Guitar
E-Guitar 1
E-Guitar 2
A-Guitar
E-Piano
Bass
Drums

一番上のピアノがこの曲のメロディを演奏しているのは明らかだが、たとえばMute Guitarも、〝ンタタタ　ンタタタ……〟というメロディであると私はイメージして入力している。

MuteGuitarもメロディであると考えているがゆえに私自身のフィーリングから次のような強弱となるのであり、４小節めではミュートをゆるめた演奏となっているのだ。次のピアノロール画面を見ながらMute Guitarのパートだけを聴いてほしい。

聴いてみよう

21 「ベートーヴェン・2　ミュート・ギター」

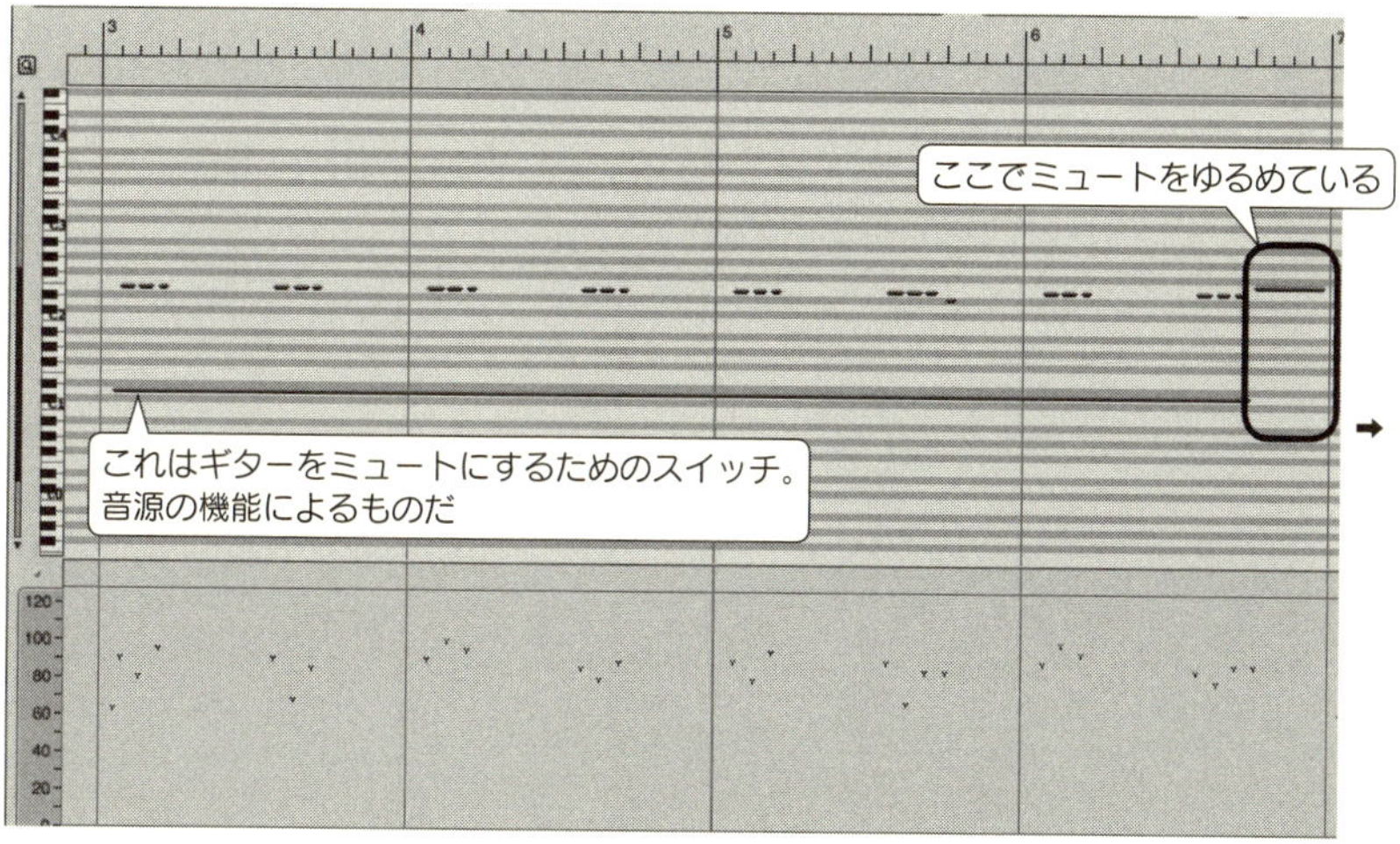
ここでミュートをゆるめている
これはギターをミュートにするためのスイッチ。
音源の機能によるものだ

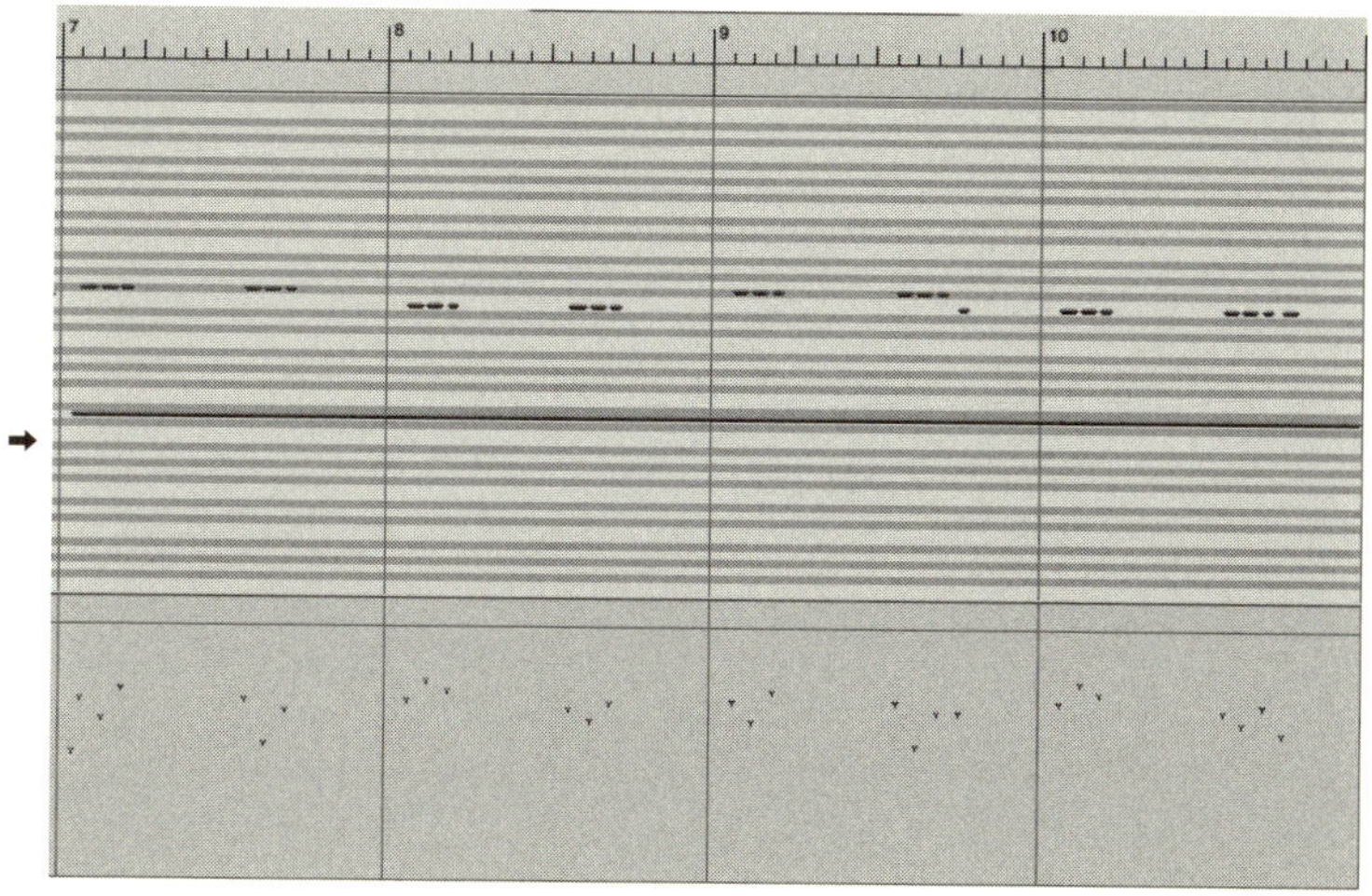

MuteGuitar だけではなく、そのほかの3本のギターもそれぞれがメロディであり、コードをただ弾いているだけのように見える E-Piano もメロディだし、ベースもドラムもすべてメロディだ。メロディとしての歌心を実際の音として表すために、これまで解説してきたベロシティがあり、タイミング調整があり、長さ調整であり、また前項で見てきたボイシングなのだ。

MuteGuitar 以外の各パートを抜き出したオーディオファイルを用意したので、これも聴いてほしい。

聴いてみよう ㉒ [ベートーヴェン・3　ピアノ]

聴いてみよう ㉓ [ベートーヴェン・4　エレキギター1]

聴いてみよう ㉔ [ベートーヴェン・5　エレキギター2]

聴いてみよう ㉕ [ベートーヴェン・6　アコースティックギター]

聴いてみよう
26【ベートーヴェン・7　エレピ】

聴いてみよう
27【ベートーヴェン・8　ベース】

聴いてみよう
28【ベートーヴェン・9　ドラム】

このようにすべてのパートをメロディとイメージしてアレンジすると、音楽上、重要な副産物が生まれる。それは、各パートのそれぞれのメロディや音がひと続きとなって聴ける曲になる、ということだ。

それはどういうことだろうか。メロディの冒頭部分を例に説明しよう。

メロディの最初の音（ド♯）は2分音符だが、次の音（シ）が聞こえるまでの間、人は伸びている最初の音をずっと聴き続けているのだろうか。

次ページの楽譜を見るとわかるように、最初の2分音符が伸びている間にも、さまざまな音が聞こえている。こういうとき、人は聞こえてくるほかのパートの音へ、耳の注意を瞬時に移動させながら聴いている。

私の場合、次の〝シ〟の音が聞こえるまでの間、ギターのアルペジオの一部と、スネアドラムの音が耳に飛び込んできて、そのあとでメロディの2つめの〝シ〟の音が聞こえる、という感じだろうか。

聞こえる音は人によって違うのかもしれない。それを確認する術《すべ》はないが、確実にいえるのは、複数の楽器でアレンジされた曲では、音が伸びている間は、ほかの音を何も聴いていないわけではないし、伸びた音をただボーッと聞いているのでもなく、聞こえてくる音のなかから聞きやすい音を瞬時

にキャッチしながら、まるで刺繍のように音をつなげて聴いている、ということだ。

そして、このようにつなげて聴くことができるのは、各パートがそれぞれ〝メロディのよう〟にアレンジされた曲の場合であって、そうアレンジされていない曲では、主となるメロディ以外の音をとらえにくいので、次の音をただ漫然と待つしかなくなる。そういう状態がしばらく続くと、曲に興味をもてなくなってしまうのだ。

ピアノ・ソロなど音数が少ない曲ではどうだろうか。たとえばピアノ・ソロの場合であれば、ピアノの音そのものが聞く人の興味の対象となる。だからそういった曲では、じゅうぶんクオリティの高い音でなければならない。言い換えればクオリティの低い楽器をソロとするアレンジは避けなければならない。

では、ベートーヴェンに戻ろう。この曲を私はどのようにつなげて聴いているか、線で結んで示してみた（次ページ譜例参照）。もう一度**オーディオファイル⑳**を聴きながら、ご自身の場合と比較しながら確認してほしい。

譜例

Piano
♩=64
A
E/D
A/C♯
E/G♯
Mute Guitar
E-Guitar 1
E-Guitar 2
A-Guitar
E-Piano
Bass
Drums
Piano
A
E/G♯
F♯m7
B7/F♯
Esus4
E
Mute Guitar
E-Guitar 1
E-Guitar 2
A-Guitar
E-Piano
Bass
S
Drums

譜例（続き）

Piano
E/D
A/C♯
F♯
Mute Guitar
E-Guitar 1
E-Guitar 2
A-Guitar
E-Piano
Bass
Drums
Piano
Bm7
E
E/A
A
Mute Guitar
E-Guitar 1
E-Guitar 2
A-Guitar
E-Piano
Bass
Drums

その楽器らしく入力する

導入した音源のポテンシャルを最大限に引き出すには、その楽器についての知識が必要だ。たとえばギターはギターらしく入力しなければギターのようには聞こえない。

そこで次からは、主要な楽器ごとに入力のコツを書いてゆこう。

ギター

ギターで使う音域は次のとおり。

下限は一番低い6弦の開放弦だが、それより数音低い音を使う場合もある。高いほうはそのギターが何フレット仕様であるかによって上下する。

しかし、歌のバックなどでコード弾きするときは、高いほうの音は使われず、譜例に示した範囲くらいに収めることが多い。

▼ギターの音域

楽譜には、1オクターブ高く書かれる

▼コード弾きの音域

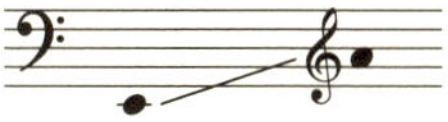

以降、本書では、実際の楽譜にあわせて、ギターの楽譜は1オクターブ高く書くことにする。つまり、ギターの音域は次のように表記する。

▼ギターの音域

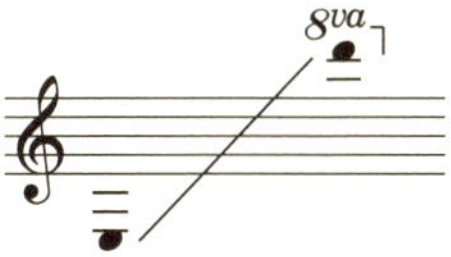

▼コード弾きの音域

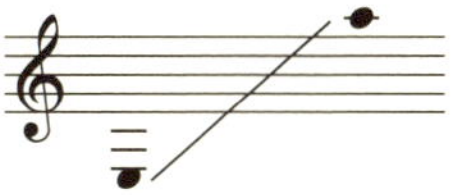

ギターの主な奏法には、ストローク、ミュート、チョーキング（UP／DOWN）、スライド（UP／DOWN）、ハンマリングオン、プリングオフ、ビブラートがある。これらの奏法を織り交ぜることで音符を入力しただけでは得られないリアルな演奏を実現することができる。

▼ストローク奏法……右手で上から下、または下から上にジャーンと一気に弾く奏法。

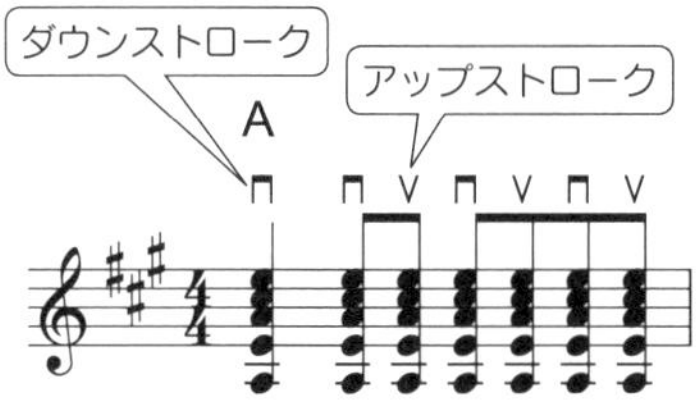

まず、ストローク時のボイシングについて説明しよう。
コードAは〝ラ（A）、ド♯（C♯）、ミ（E）〟だ。ギターには弦が6本あるから、6個のラ（A）、ド♯（C♯）、ミ（E）を順に重ねて、

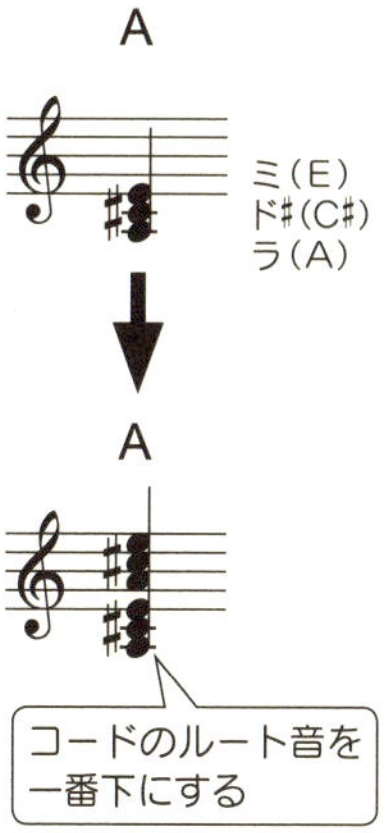

このようにすればいいかというと、そうではなく、下から2番めの音を抜いて次のようにするのが正解だ。

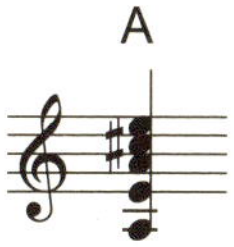

〝下から2番めの音を抜く〟というのは、**ギターの調弦**（解説）と関係している。実際に音を出してみるとわかるが、これがギターっぽく聞こえるボイシングなのだ。またこのようにボイシングすると、50ページで書いたロー・インターバル・リミテッドもクリアすることになる。

解説　ギターの調弦

ギターには6本の弦があり、高いほうから順に、〝ミ（1弦）〟、〝シ（2弦）〟、〝ソ（3弦）〟〝レ（4弦）〟、〝ラ（5弦）〟、〝ミ（6弦）〟の高さに調弦される。

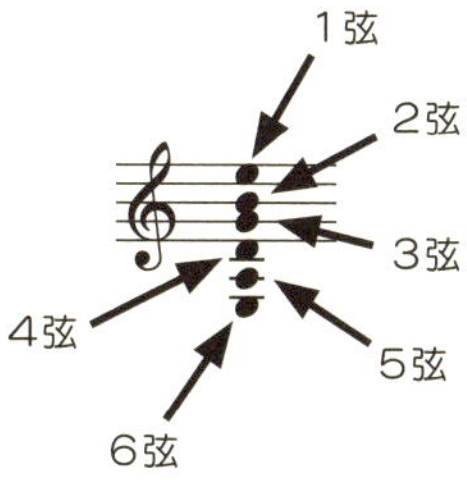

ギターでコードを演奏する場合のボイシング法をまとめると、ポイントは次の3点に絞られる。

ポイント1 使う音域は１０３ページ。

ポイント2 一番下の音をルート音にした上で、下から2番めのコード音を１つ飛ばして音を重ねて、ルート音を含めた5音か6音の音を重ねる。

ポイント3 一番高い音は次譜例に示した範囲に収める。

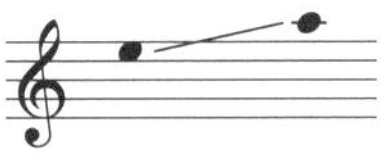

次にストロークの動きについて考えよう。

ストロークは弦を端から一気にジャーンと弾く奏法で、6弦側から弾くダウンストロークと1弦側から弾くアップストロークがある。どちらから弾いたとしても、コードの音は同時ではなく、少しずつズレて発音される。そのため、１０４ページの譜例であれば、次ページ図のように入力する。

図を見ると、音符と音符の間にすき間がある。このままでは音がとぎれとぎれになって不自然なので、ピアノと同様にペダル情報を入力する。そうすると、不自然なすき間がなくなる。ペダルにつ

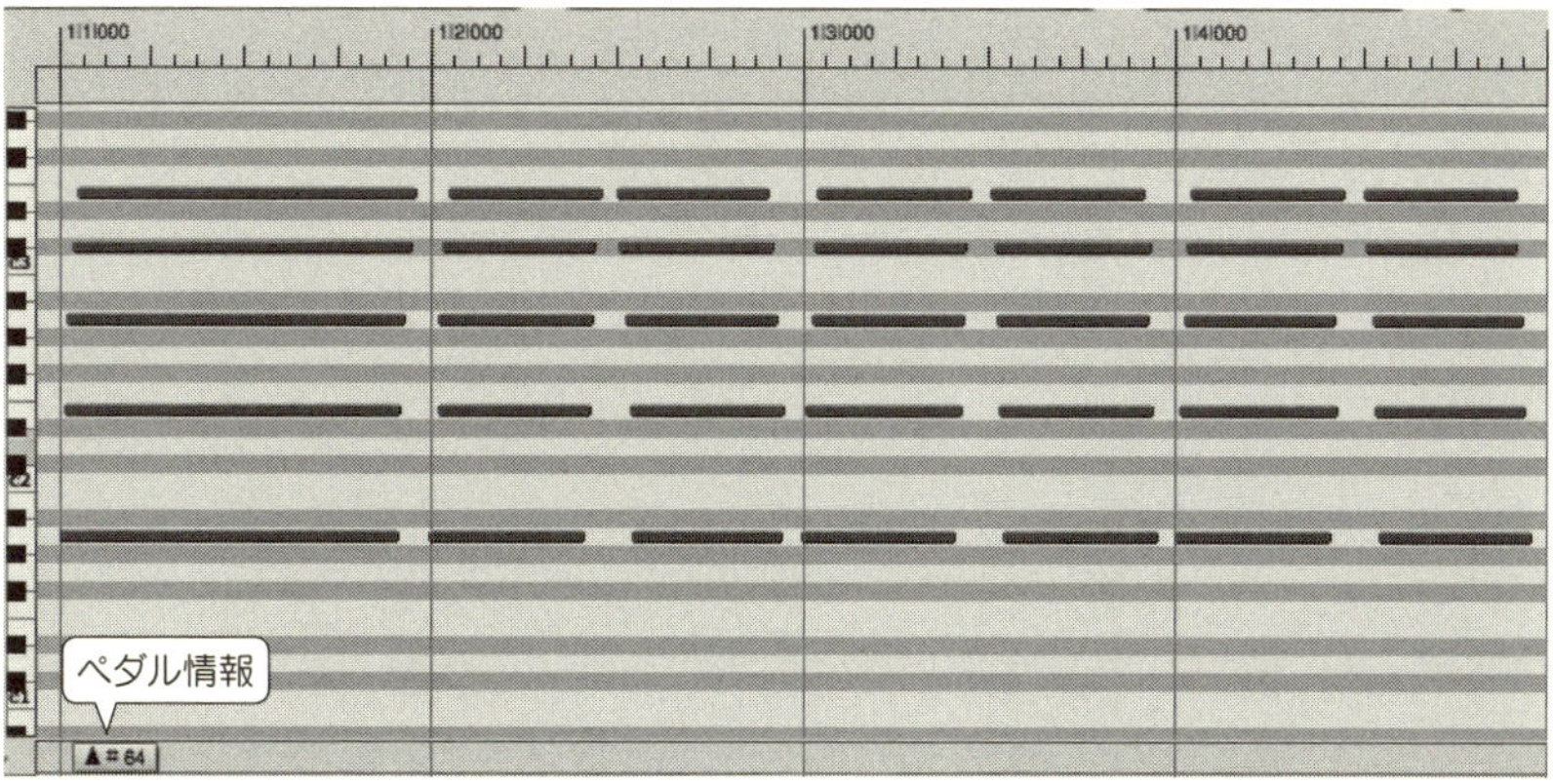

ズレ具合はテンポによって変わるので、プレイバックしながら調整する。ズレ具合も均一でなく、バラつきがあったほうが、よりリアルになる

いては後述する。

高い弦のほうのベロシティを上げれば、軽い感じのストロークに、低いほうの弦のベロシティを上げれば重い感じのストロークになる。試行錯誤を繰り返して自分の気に入ったサウンドになるまで作り上げよう。

また、ギター専用音源にはストロークをシミュレートする機能がついていることが多いので、これを利用したほうが、よりリアルなストロークを再現できる。

▼ミュート奏法……弦の響きを抑える奏法

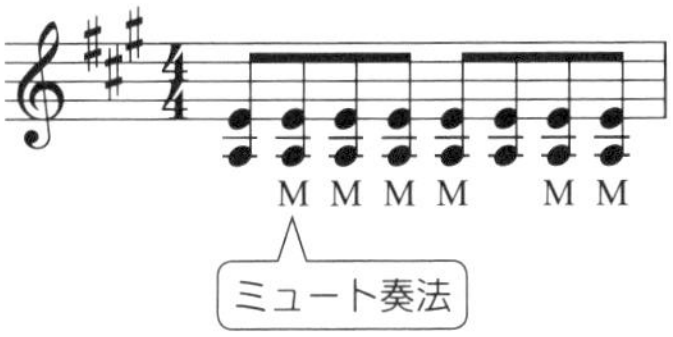

音の長さを短くしてベロシティを下げると、響きを抑えたミュート奏法の音が得られる。どれくらい短くするか、どれくらいベロシティを下げるかは音源によってさまざまだと思うが、かなり極端に設定するほうがそれらしくなる（下図参照）。ただし、長さもベロシティも均一にならないようにする。

▼ミュート奏法の例

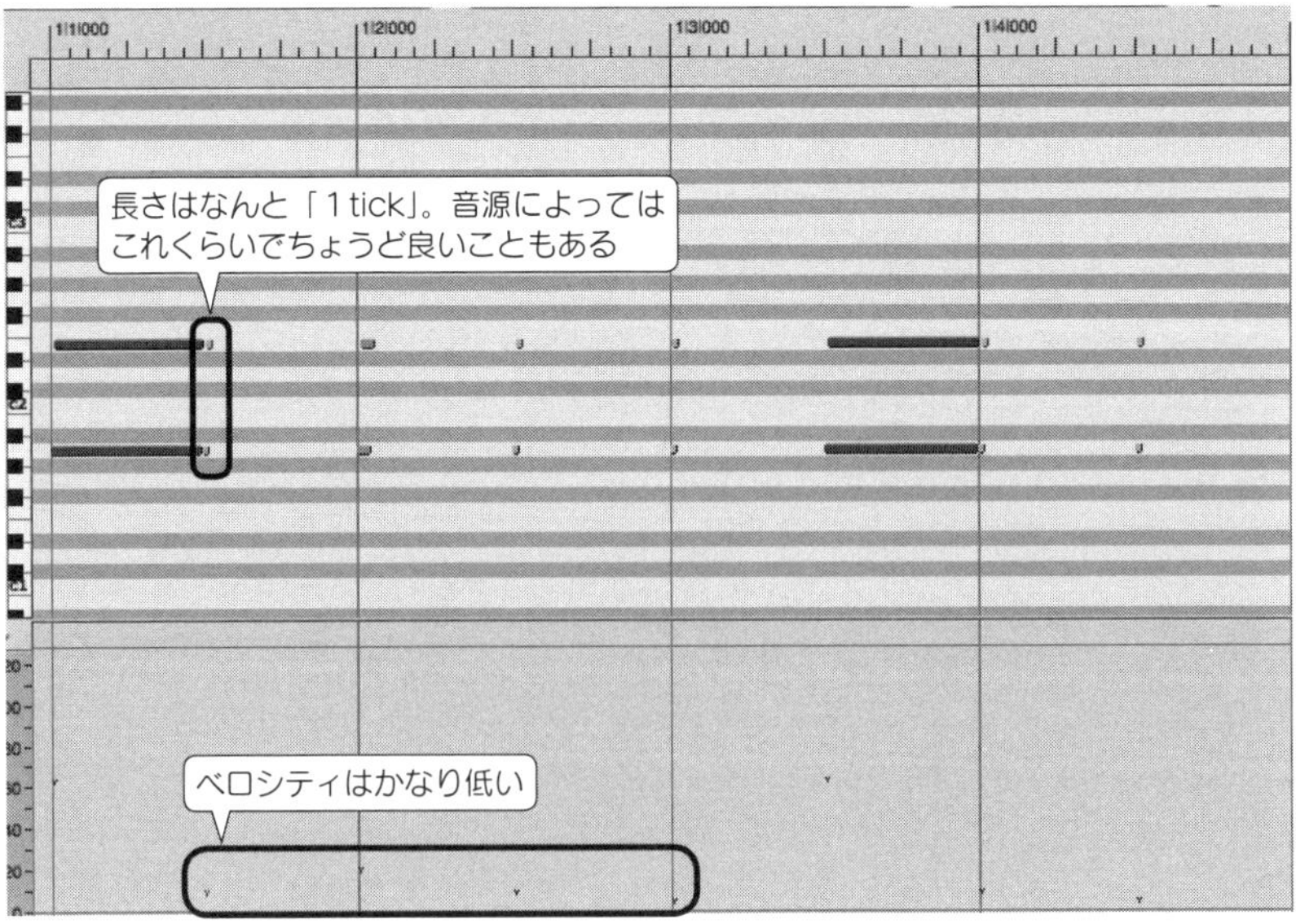

▼チョーキング（UP／DOWN）奏法……押さえた弦をそのままフレットに沿ってぐっともち上げてピッチを半音か全音、あるいは全音＋半音分上げる奏法（UP）。またもち上げた弦をもとの位置に戻すとピッチが下がる（DOWN）。

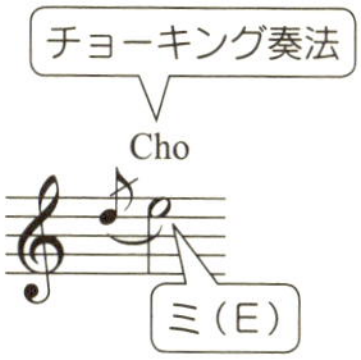

これはピッチベンドを使って入力する（下**図**Ⓐ）。

ピッチの変化の幅は、ピッチベンド・センシティビティの値によって変わる。本書ではピッチベンド・センシティビティを〝2〟（半音2つ分）に設定した場合で説明している。センシティビティの変え方は各音源マニュアルを読んでほしい。

下**図**Ⓑは、ソフト音源のSampleTankでのセンシティビティ設定だ。

図Ⓐ　チョーキング・アップの例　その1

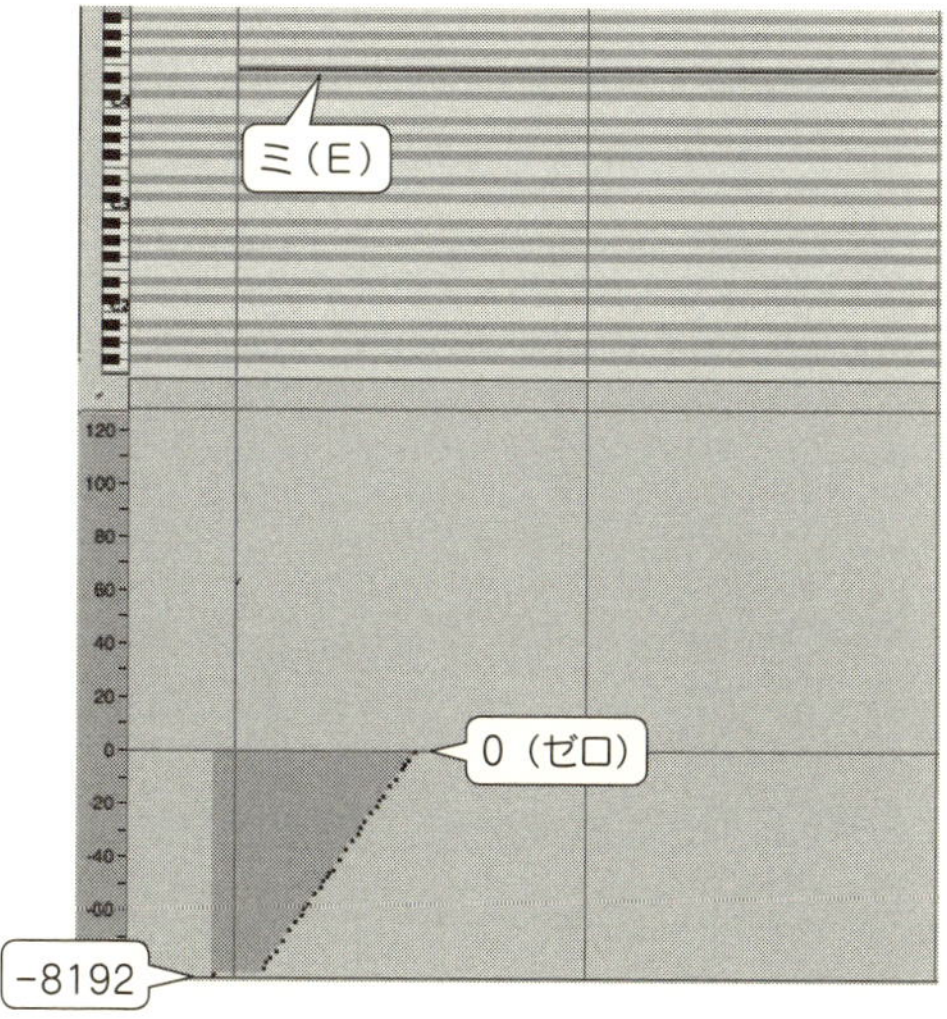

図Ⓑ

図ⓐは〝０〟になるまでの時間が短い。これはチョーキングのスピードが速いということを意味している。

図ⓑと図ⓒの２つは途中でスピードが変化している。

図ⓐ　チョーキング・アップの例　その2

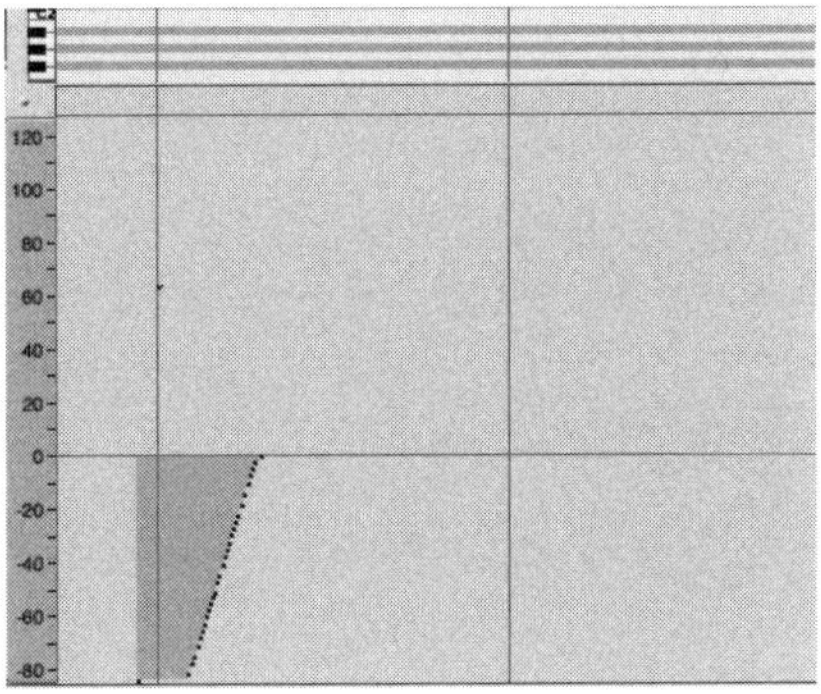

図ⓑ　チョーキング・アップの例　その3

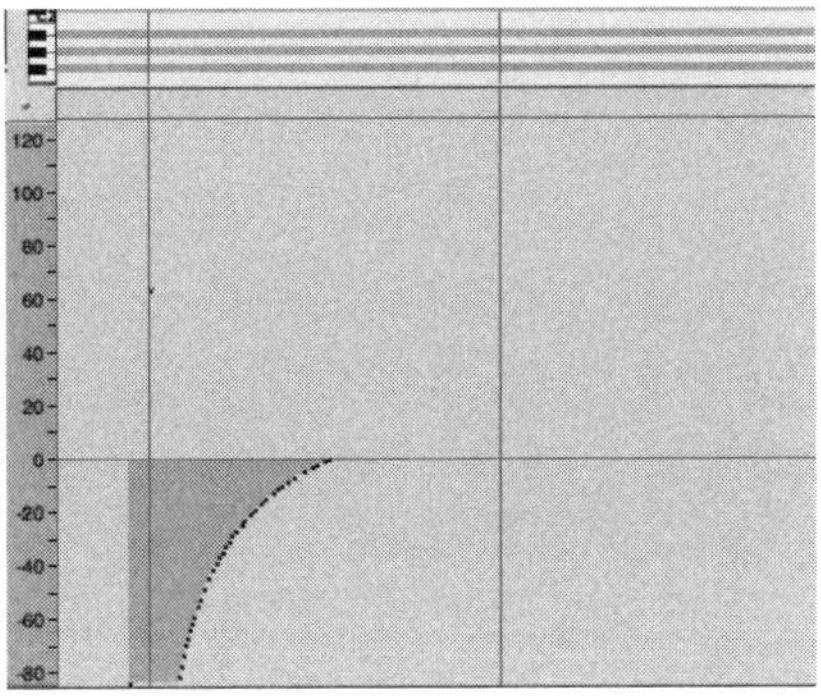

図ⓒ　チョーキング・アップの例　その4

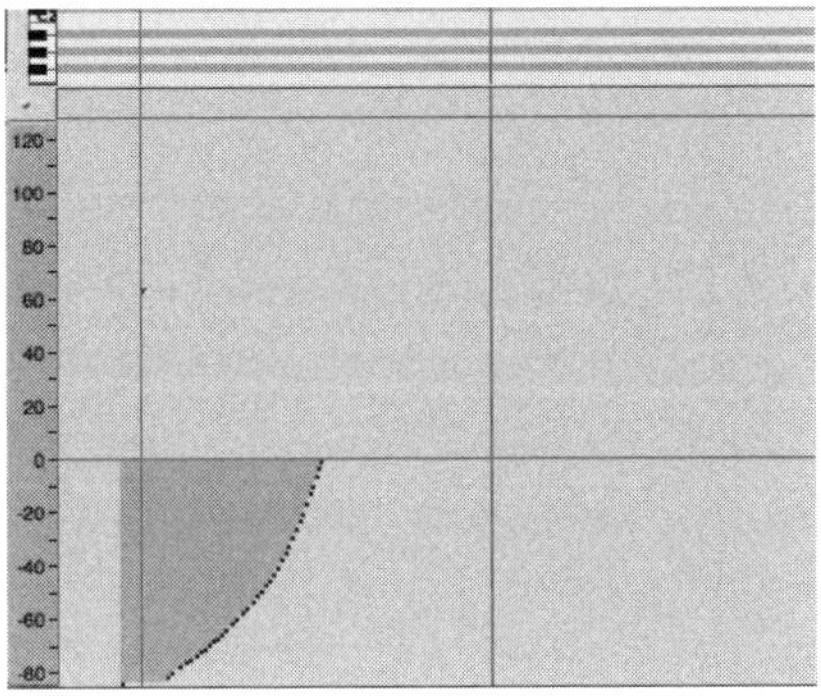

このように、ピッチベンドの入力次第でチョーキングのニュアンスが変わるので、自分のイメージにあった演奏になるように調整しよう。

なお、チョーキングＤＯＷＮは、ピッチベンドを下げればいい。（図ⓓ）

また、ここまでのチョーキングは〝ミ（E）〟の音をピッチベンドで一度〝レ（D）〟まで下げておいてから上げる方法で説明したが、逆に、図ⓔのように、低いほうの〝レ（D）〟の音をもとにして、ピッチベンドを〝0〟から上げて〝ミ（E）〟に到達させてもいい。

図ⓓ　チョーキングDOWN

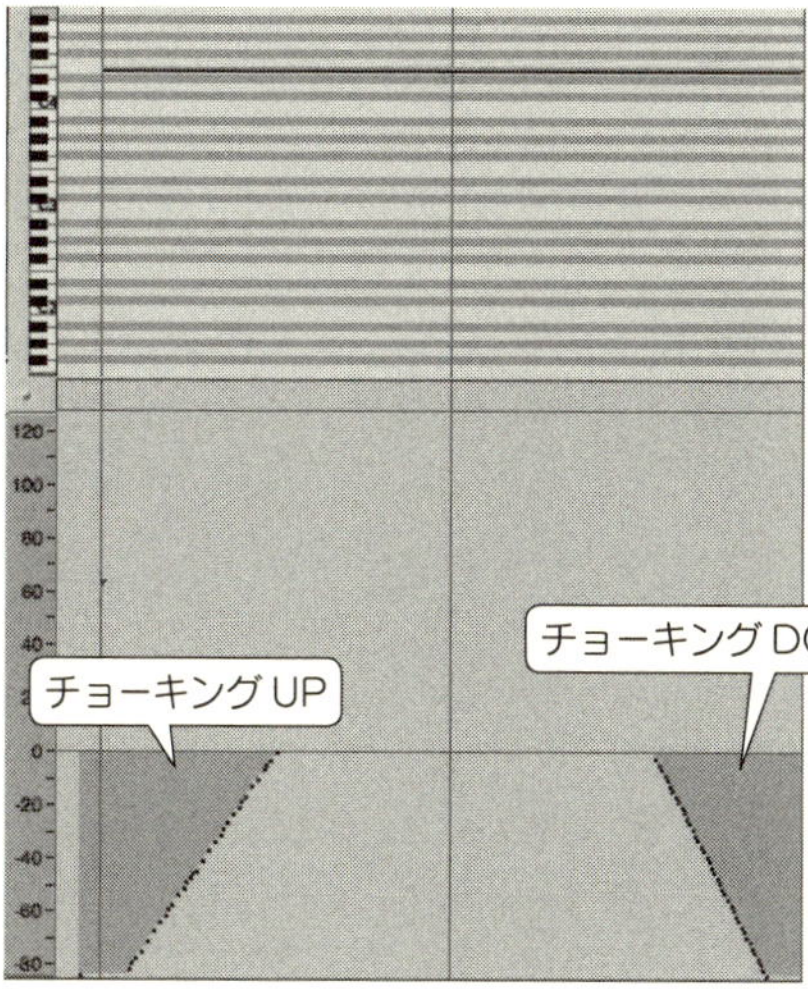

図ⓔ　低い音から上げる

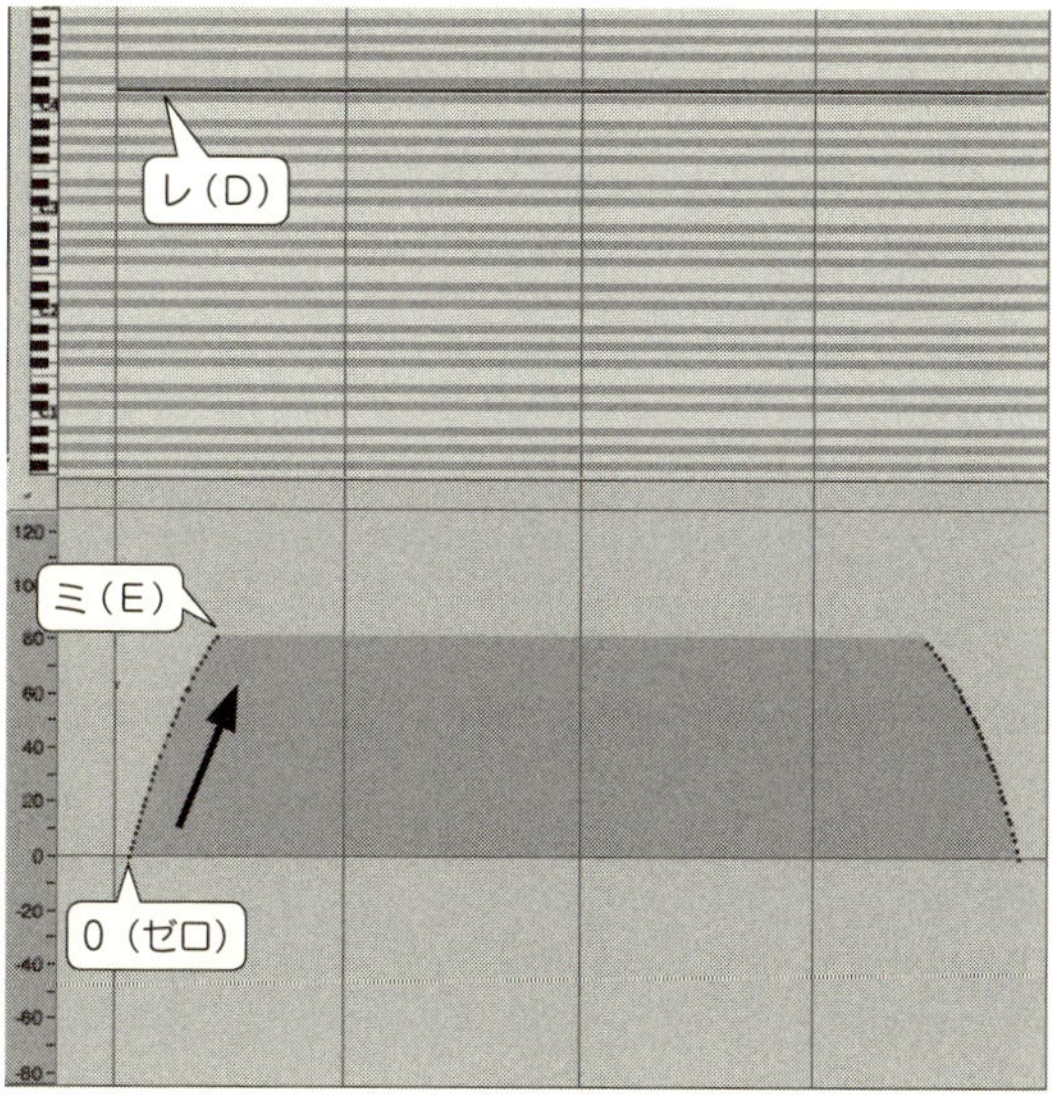

▼スライド（UP／DOWN）、……弦を押さえている左手を、フレットを超えて高いほうへスライドさせピッチを上げる奏法を〝スライドUP奏法〟、また反対に低いほうにスライドさせてピッチを下げる奏法を〝スライドDOWN奏法〟という。

ピッチを上げる、下げるという意味ではチョーキングと同じだが、チョーキングと決定的に違うのはフレット単位で、つまり半音単位でピッチが変動する点だ。

これもピッチベンドを使って入力するが、データは下図のように階段状になる。

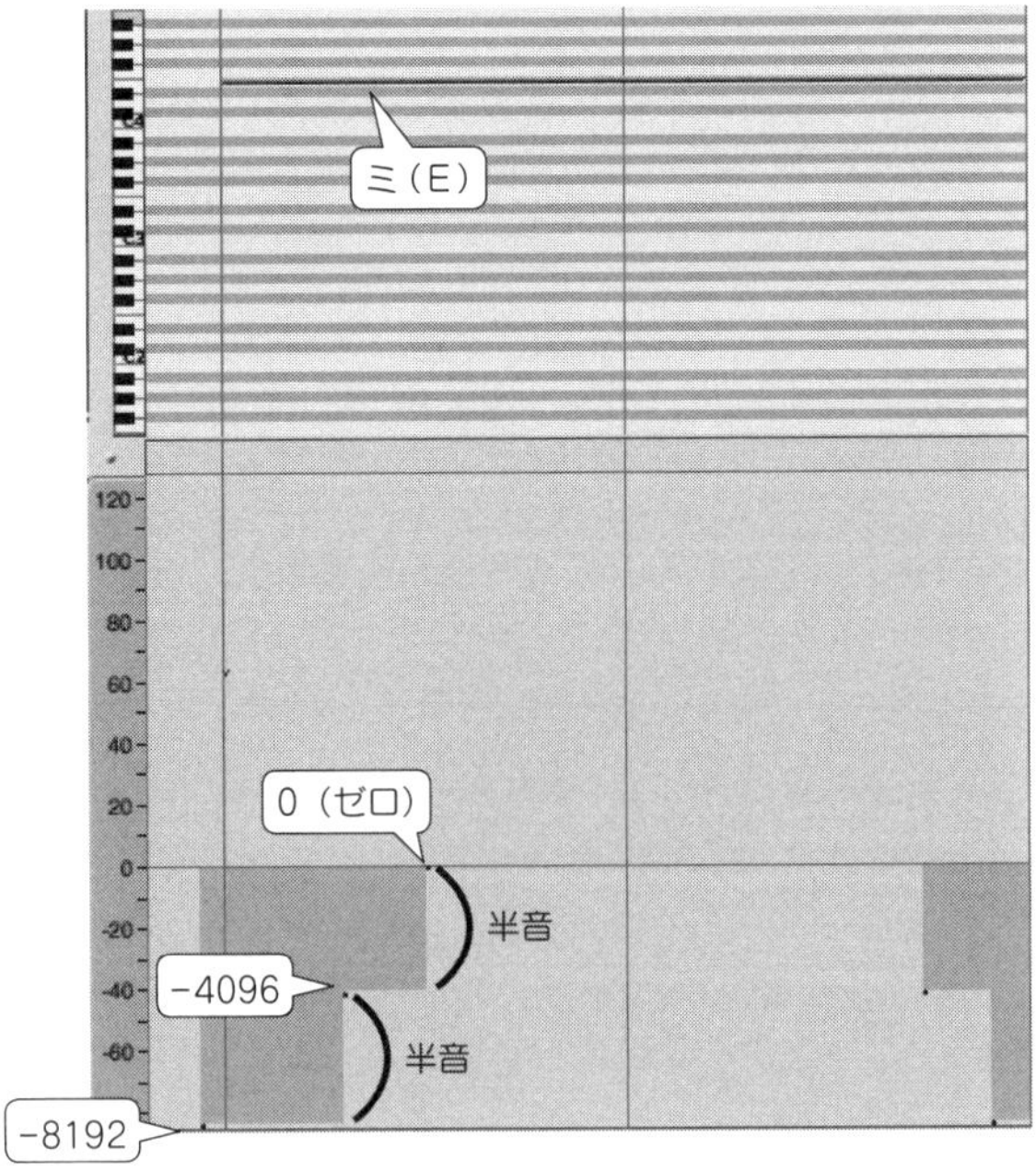

ここでは2フレット（半音2つ分）のスライドを例に説明しているが、もっとたくさんスライドさせることも考えられる。その場合はピッチベンド・センシティビティの値を〝12〟に設定することが多い。そうすると、ピッチベンドの最低値であるマイナス8192で、ちょうど1オクターブ下がるからだ。

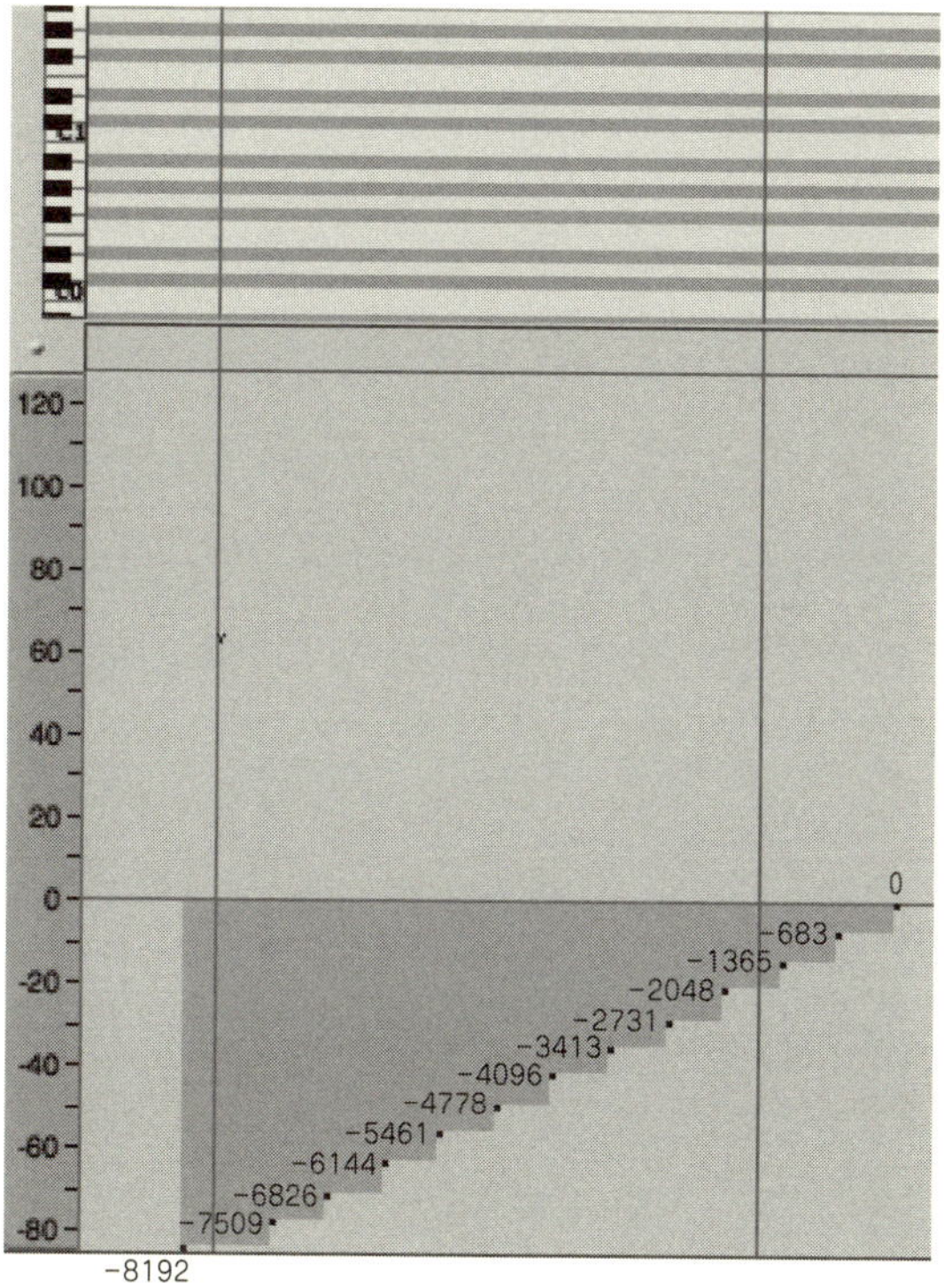

ピッチベンドセンシティビティ値が「12」に設定されていると、上記の数字でフレットを1つ（半音）ずつ上がってゆくことになる

▼ハンマリングオン奏法……ハンマリング奏法は押さえた左手の指はそのままにして、ほかの指で高いほうのフレットを叩く（ハンマー）ようにして音を出す奏法だ。このとき、右手では弦を弾きなおさない。その結果、スライドのように半音単位で音が変化してゆくのではなく、直接その音が出る。

▼プリングオフ奏法……押さえた弦から指を離す際に弦を引っ掛けるようにして音を出す奏法

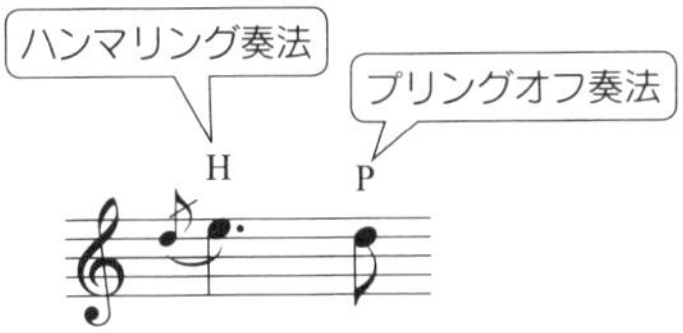

この2つの奏法にもピッチベンドを使う。ピアノロール画面で見ると、下図のようになる。

▼ハンマリングオン奏法、プリングオフ奏法

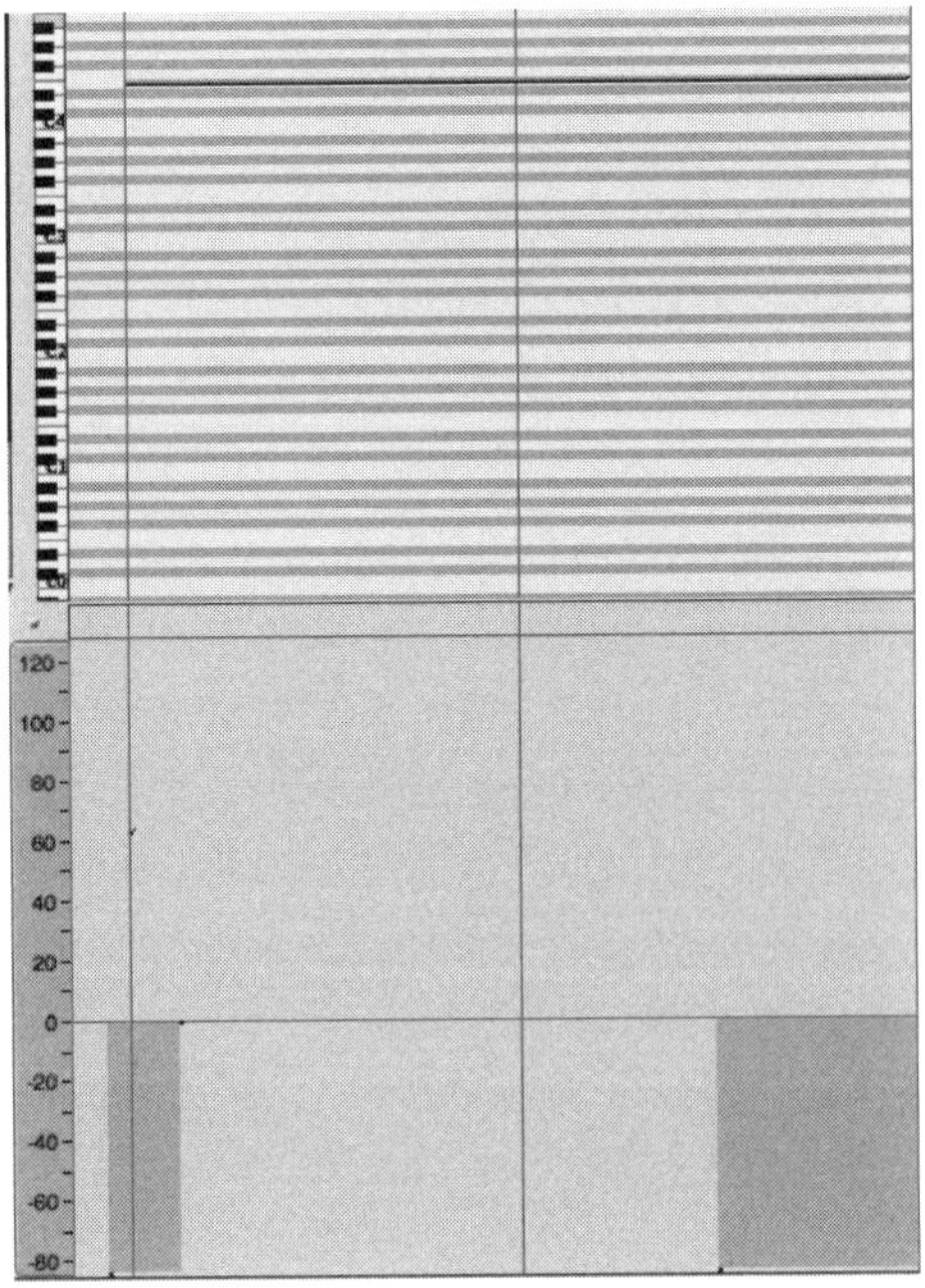

ここまで、ピッチベンドを使った4つの奏法、チョーキング、スライド、ハンマリングオン、プリングオフ、それぞれの特徴とその再現方法について説明してきた。

特にスライドとハンマリングは、音源によってはなかなかその違いが実際の音として聞こえないことも多い。それはピッチベンドでピッチを変えただけでは、スライドでフレットを超えたときの、またハンマリングの指で叩いたときの、メカニカルな音までは再現できないからではないだろうか。これらをしっかり再現したいときには、やはりギター専用音源に用意されている機能を使うよりほかはないだろう。

▼ビブラート奏法……押さえた弦を揺らすことでピッチを上下させる奏法。

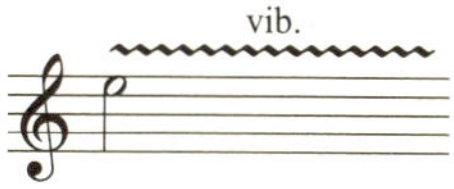

ピアノロール画面では下図のようになる。

▼ビブラート奏法　その1

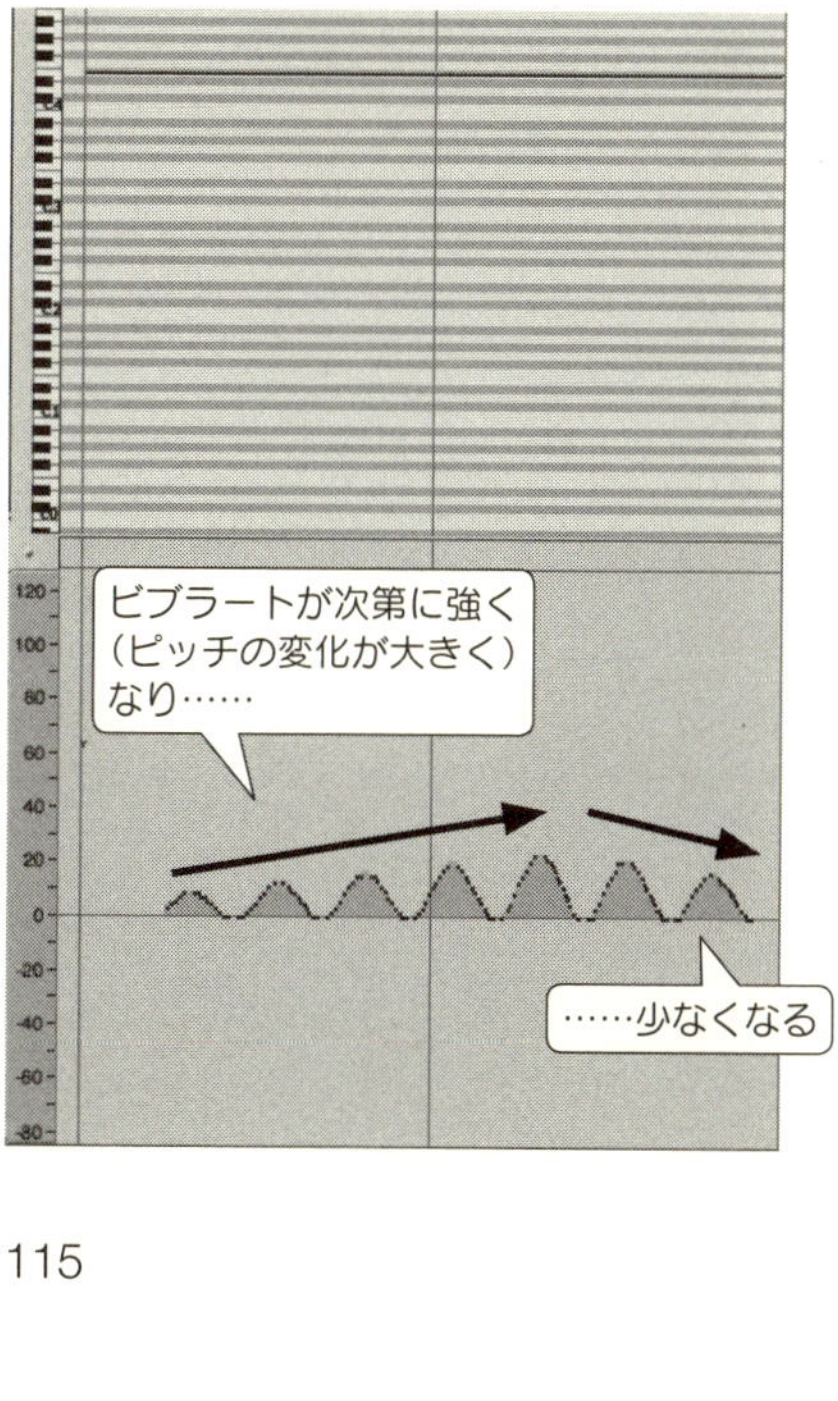

また、次のようにすることも可能だ。

▼ビブラート奏法　その2

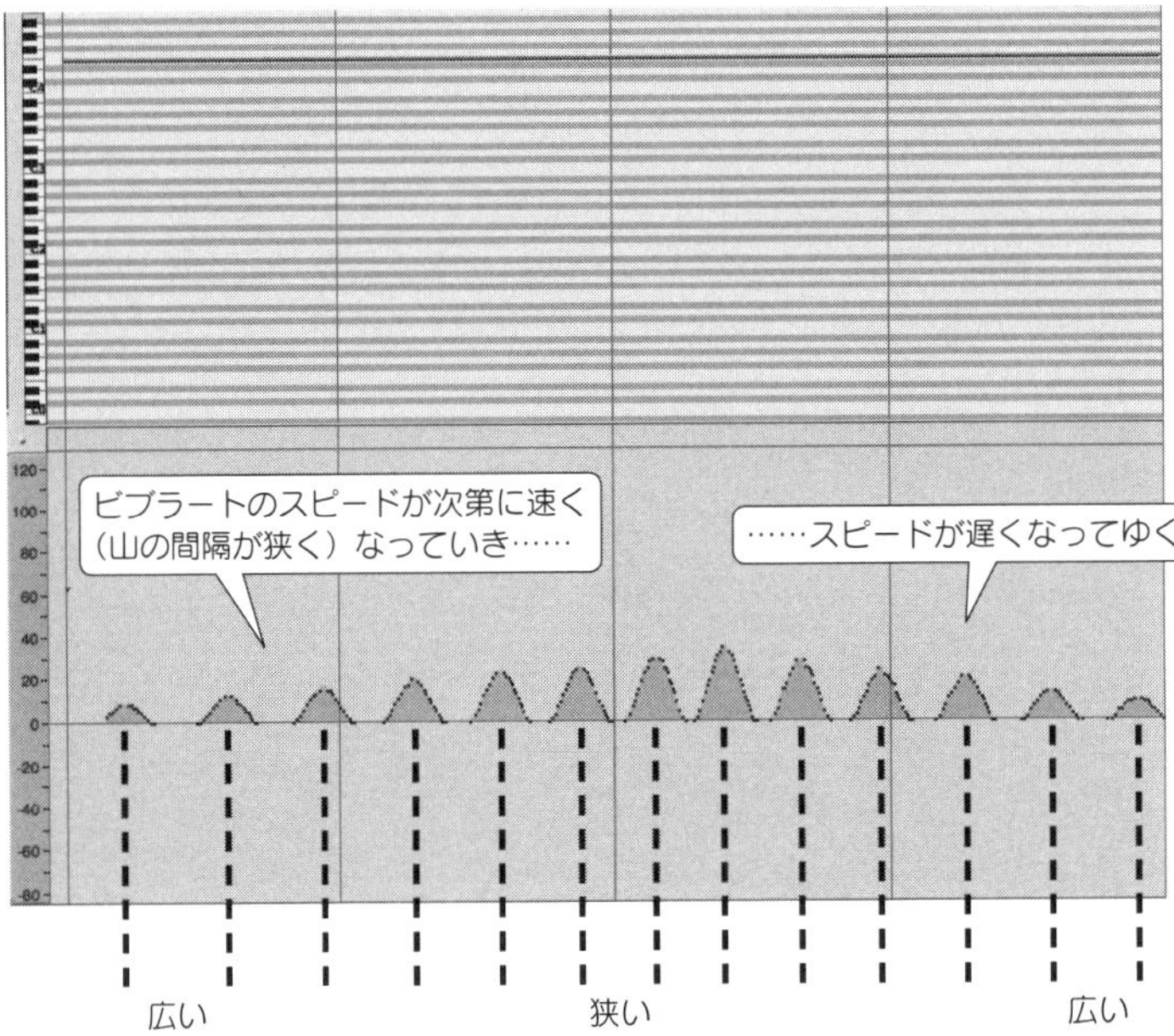

このようにピッチベンドを使って細かく入力することで、ビブラートのかけ具合を自由にコントロールできる。

チョーキングなどほかの奏法とセットにしてたとえば次のように入力すると、ギターらしさが増す。

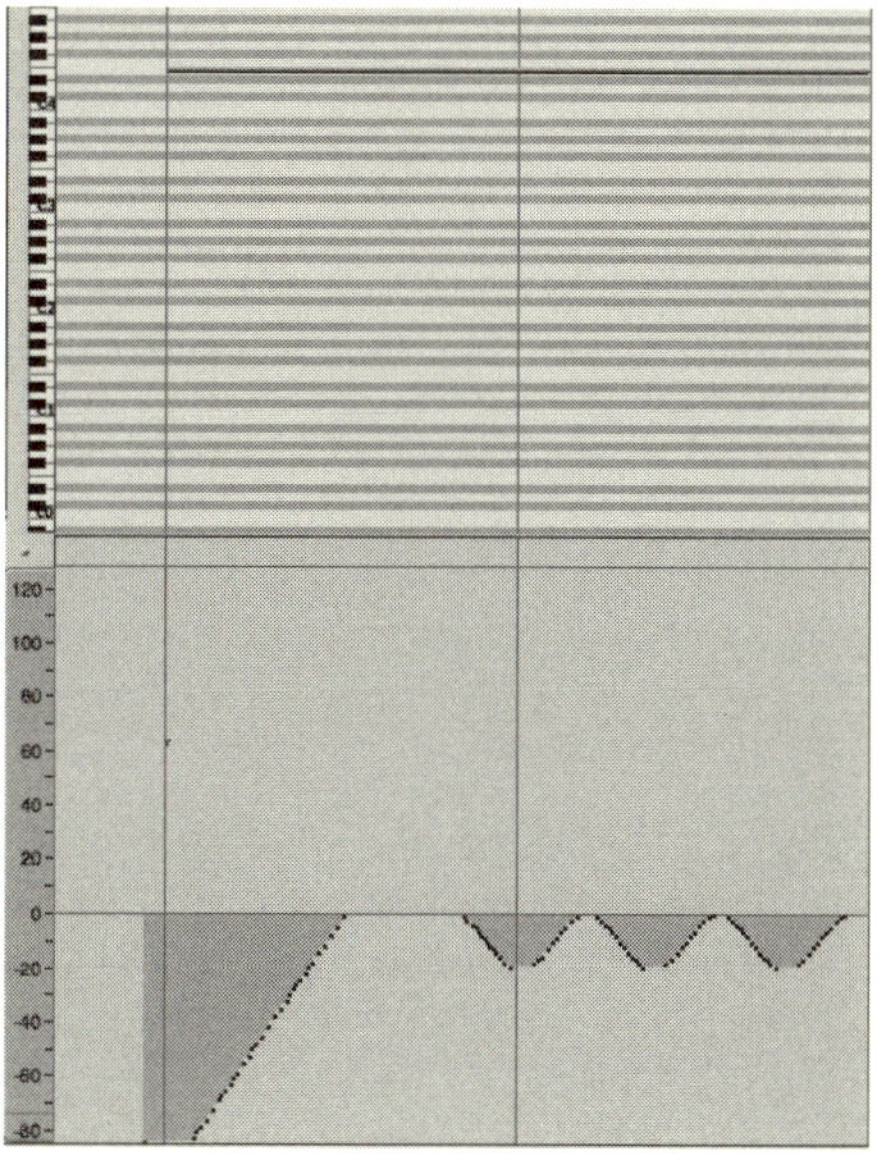

▼そのほか

最後に、ギターを使ったアレンジの際にぜひ覚えておきたいテクニックを紹介しよう。

次のようなコード進行があったとする。

コード進行

| C | Am | F | G ||

このコード進行でギターのアルペジオを演奏すると、たとえば左**譜例**Ⓐのようになるだろう。

【注意】オーディオファイルにはコード感を出すために、エレクトリック・ピアノの音色で演奏したコード音が小さい音でバックに入っている。

聴いてみよう

29［ギター・アルペジオ］

譜例Ⓐ

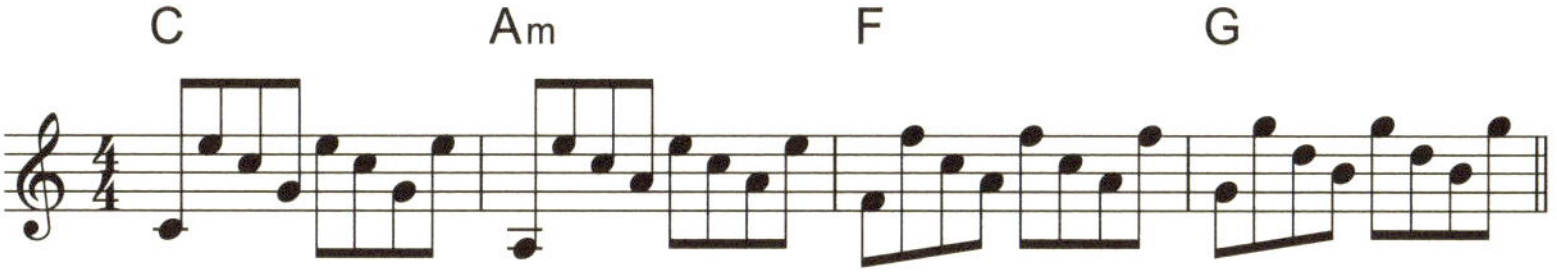

譜例Ⓑ　パターン1

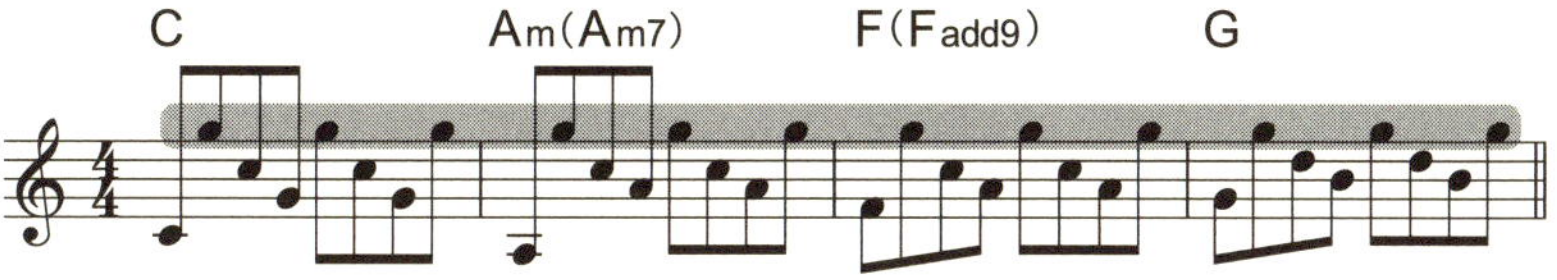

これに少し手を加えて上**譜例**Ⓑのようにするとギターらしさが増す。

30［ギター・アルペジオ　パターン1］

ギターはコードが変わるとき、そのうちの1つでも音を押さえたままにしておくと響きが途切れずにきれいにコードをつなぐことができる。

譜例Ⓑでは、1弦の3フレットをずっと押さえておくことで、どのコードでも一番上に〝ソ（G）〟が響き、コードが途切れずにつながって聞こえる。

また、コード的に見ると、押さえたままにした音がテンションとなり、響きに広がりが出る。

この場合、鳴っている音すべてを拾ってコードネームを正確に書くとすれば、2小節めの〝Am〟は〝Am7〟に、3小節めの〝F〟は〝Fadd9〟となる。

譜例Ⓒ　パターン2

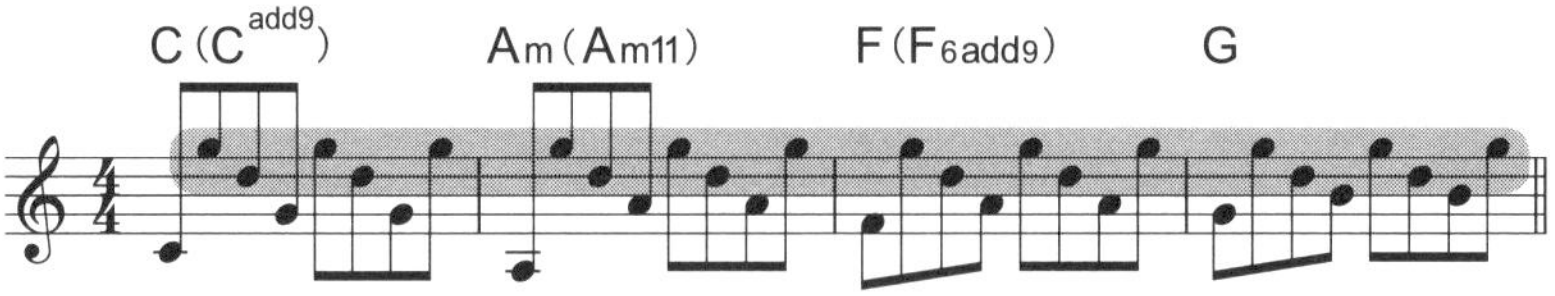

さらに2弦も押さえたままにして、上**譜例**Ⓒのようにすることも可能だ。コードは、楽譜に記したとおり。

聴いてみよう

31 ［ギター・アルペジオ　パターン2］

最初の**譜例**Ⓐはレトロな感じがしていたが、パターン1やパターン2になると今風のサウンドに聞こえるのではないだろうか。

コードが変わってもある音をキープして、それが結果的にテンションコードを生んで響きを豊かにする、というこの手法はギターでよく用いられるが、ほかの楽器でも効果が高いので、積極的に使っていきたい手法だ。

◉ベース

音域は次のとおり（**譜例ⓐ**）。

しかし通常は、**譜例ⓑ**の範囲くらいで使われることが多い。これより高い音域は、ベースが目立つフレーズを弾くときにのみ使われる。

譜例ⓐ　ベースの音域

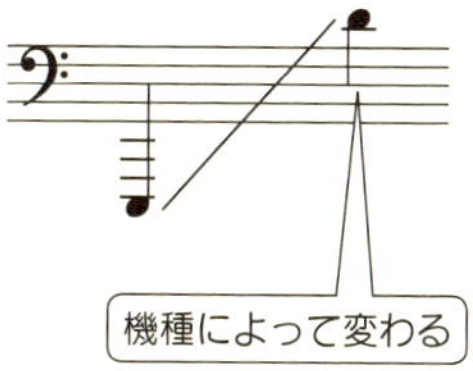

譜例ⓑ　通常使われる音域

ギターと同じように、楽譜に書く場合は、１オクターブ高く書かれる

主な奏法はスライド（UP／DOWN）、ハンマリングオン、プリングオフで、これらはギターと同じ要領で入力すればいい。

それ以外にベースで積極的に使ってゆくと効果的なものに、〝ゴーストノート〟がある。

▼**ゴーストノート**……弦を軽く叩くようにして演奏する、短く小さい音。

【注意】演奏者によってゴーストノートの出し方はいろいろある。

次のフレーズを使って説明しよう。

32［ベース・1］

ギター同様、1オクターブ上で書いている

▼ピアノロール画面

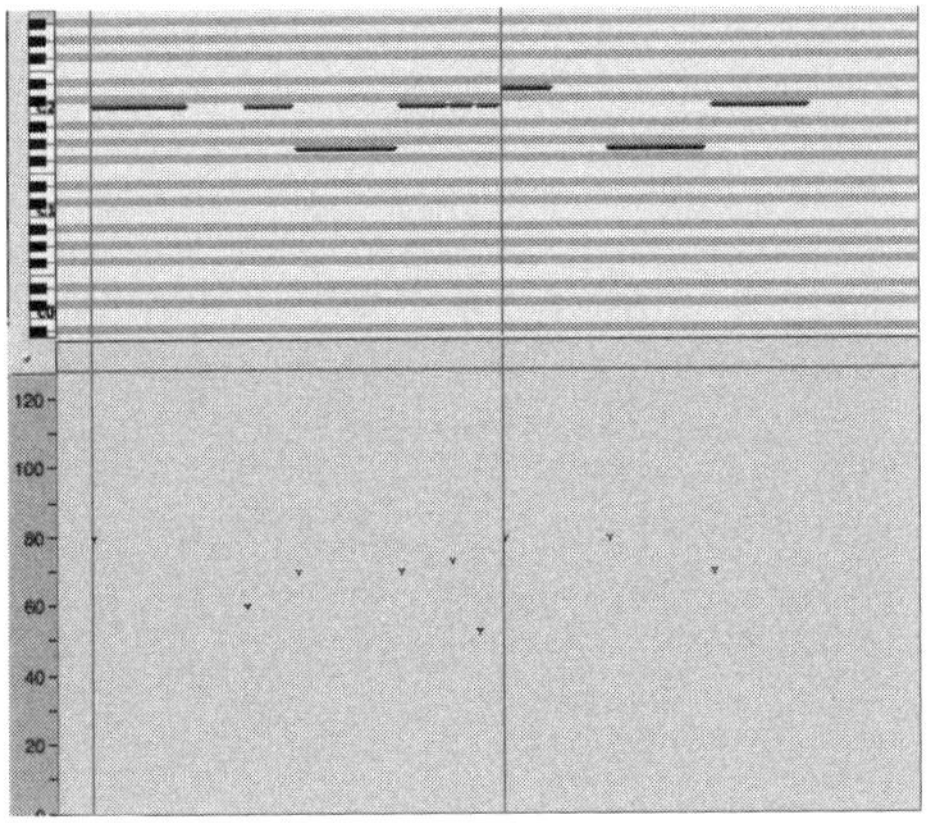

右のフレーズに、ゴーストノートを織り交ぜたてみたのがこれだ。かなりリズム感のある演奏になっていると思う。

聴いてみよう

33［ベース・2］

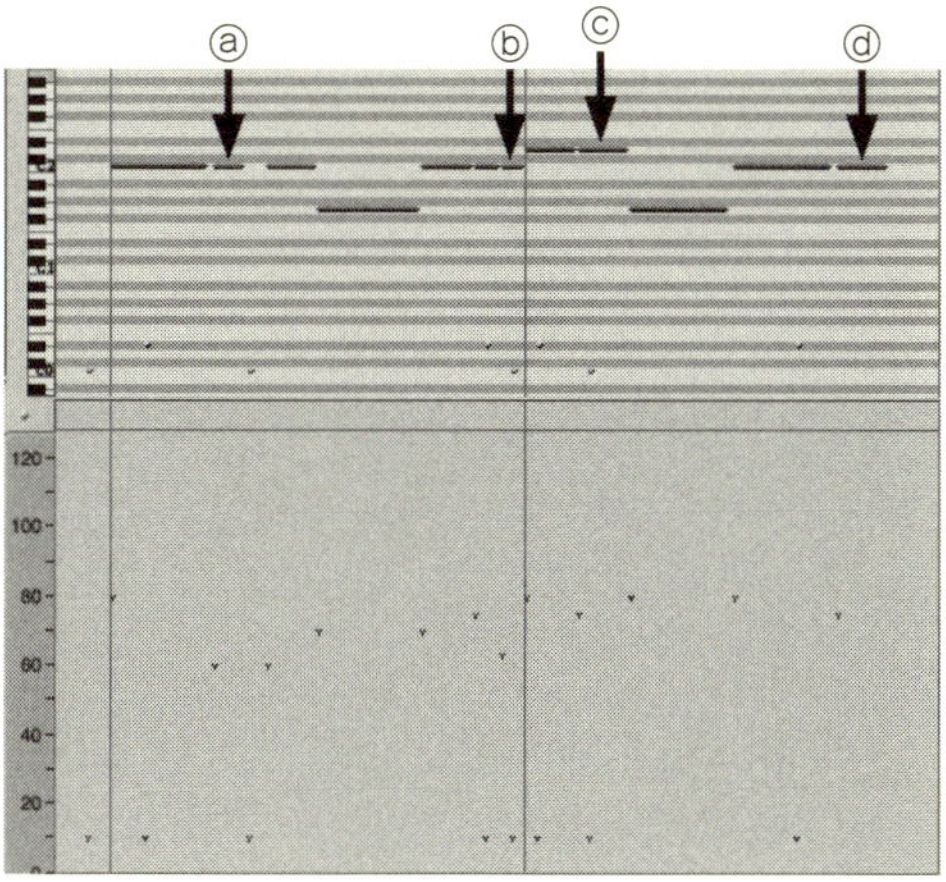

どこにゴーストノートを入れるかは、さまざまな可能性がある。ⓐやⓓのように拍の頭に入れたり、ⓒのように拍の裏に入れたりして、ビートを刻むようにゴーストノートを使うことが多い。ⓓはもともとあった16分音符をゴーストノートにしている。こういった使い方もノリを出すことにつながる。

ただし、なんといってもベースの入力でもっとも気をつけなければならないことは、音の強弱（59ページ参照）と長さ（70ページ）だ。曲制作の過程でもベースの入力はかなり早い段階で取りかかることが多いので、早い時点で曲のノリを作り出しておくことが曲作りには重要となる。

◉鍵盤楽器

音域は次のとおりだが、とても広いので特に気にしなくていいだろう。

音域

▼ピアノ

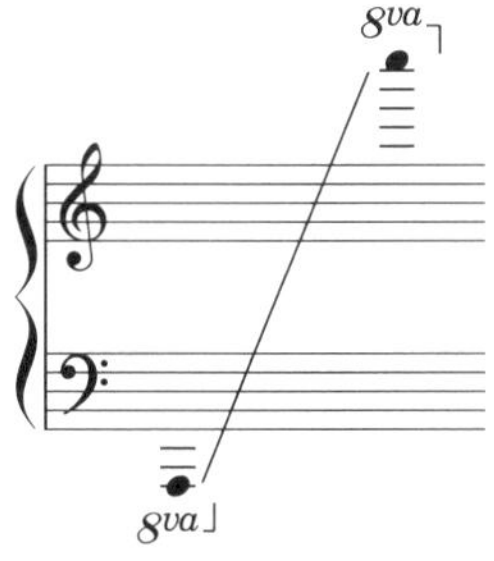

▼エレクトリック・ピアノ

機種によってはもう少し狭い

ピアノやエレクトリック・ピアノ（エレピ）で重要なことは前出のベロシティと、発音タイミングだ。それが演奏者の個性をもっとも色濃く出せる。

この2つに加えて次のペダル情報を的確に入力すればいい。

▼ペダル……**ペダル**を踏んでいる間は、鍵盤から指を離しても音が消えずに残り、踏むのをやめると延びていた音が止まる。これをうまく使うことで、音をなめらかにつなぐことができる。ピアノやエレクトリック・ピアノにはなくてはならない機能だ。

音楽ソフトでは、コントロールチェンジナンバー64（CC#64）の値で解説**ペダルのONとOFF**をコントロールする。64以上にすればペダルONの情報となるので、ペダルを踏みたいタイミングにこのデータを入力すればよく、64未満の値を入力すればペダルOFFとなる。

「音符の発音タイミングに気を配る」の項（64ページ）で取りあげたピアノの演奏を例に、ペダル情報を入力する際の注意点について、説明しよう。

念のため、もう一度楽譜を載せておく。

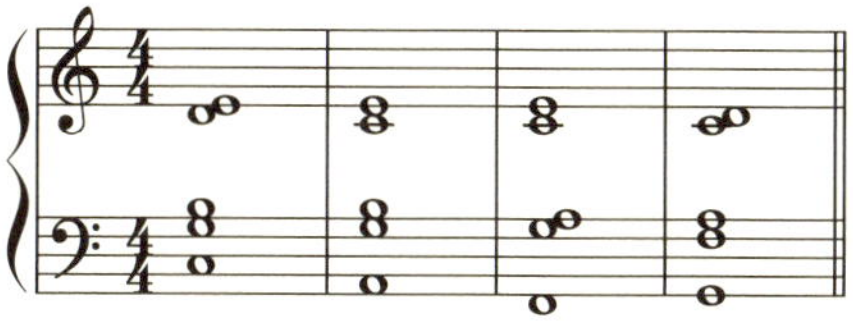

ピアノロール画面は次ページのとおりだ。

解説　ペダルのONとOFF

以前のピアノ音源はCC#64の値が64以上か未満かでONとOFFを区別していた。つまり、踏むか踏まないかの2択であった。しかし最近のピアノ音源のなかには、少しだけ踏んで音を少し延ばすという表現（〝ハーフ・ペダル〟という）にも対応する機種がある。詳細は、お手もちの音源の取扱説明書を参照してほしい。

図Ⓐ　ピアノロール画面

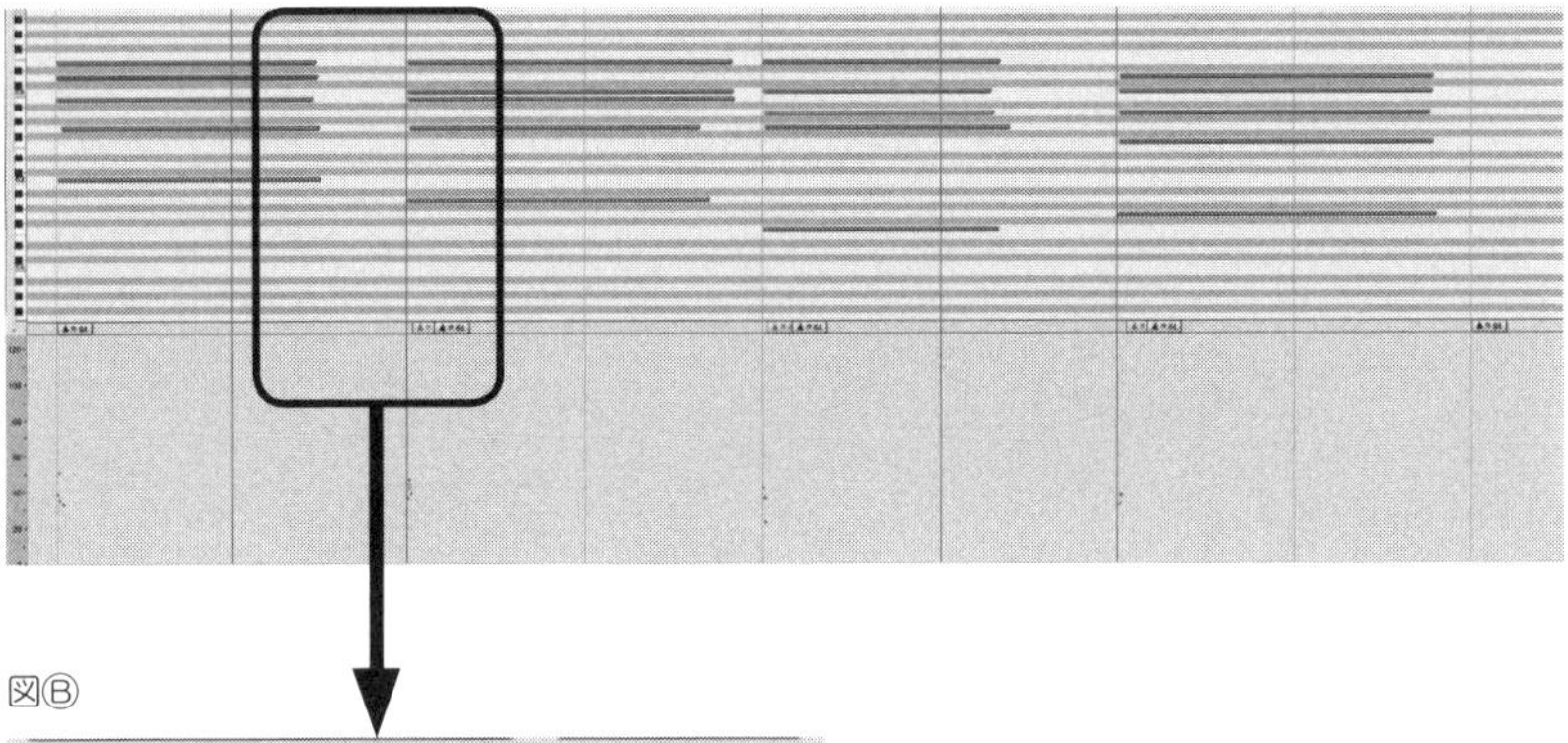

図Ⓑ

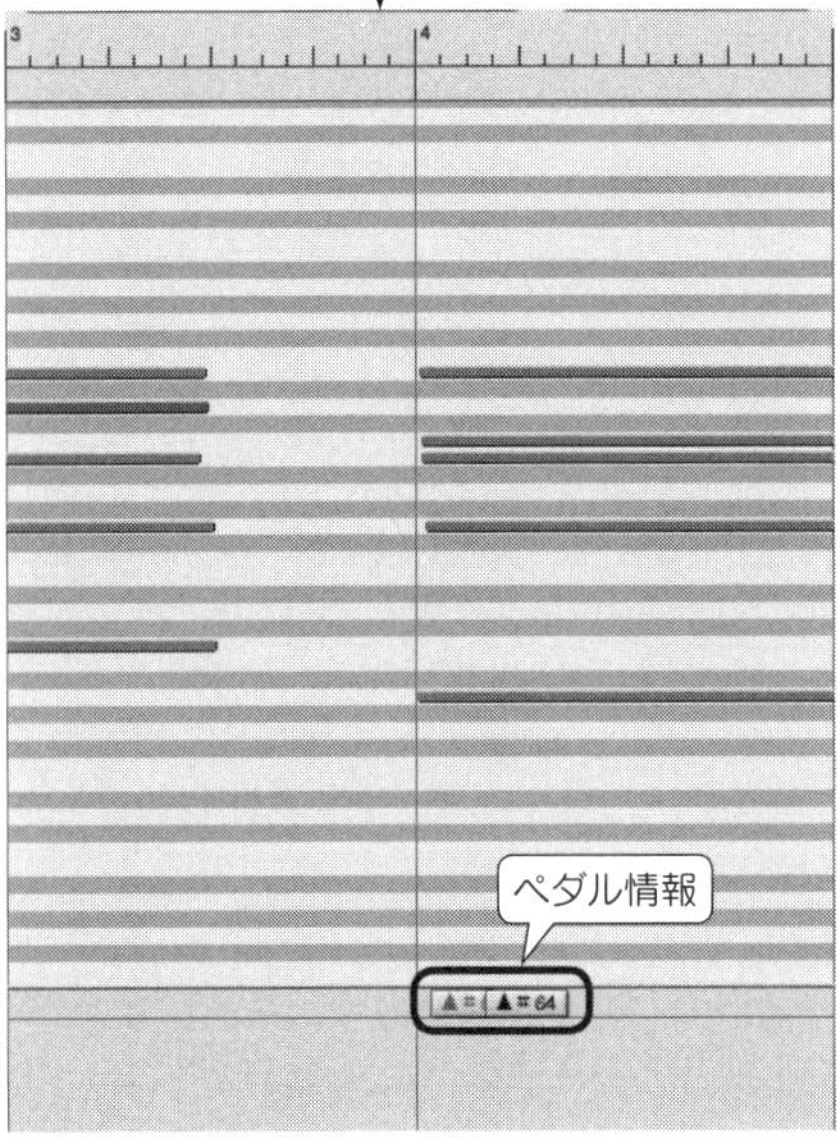

図Ⓐの□で囲んだ部分を拡大したのが、図Ⓑだ。

図で示したところがペダルの情報を示している。重なっているので判別しづらいが、左側がペダルＯＦＦ、右側がペダルＯＮの情報だ。

となりあった2つのコードをきれいにつなぐためには、ペダルＯＦＦの情報をコードが変わったあとに入力するということ、これがポイントとなる。図Ⓒのようにペダル ＯＦＦの情報が早すぎると音がきれいにつながらない。

また、コードとコードの間がある程度空いていても、ペダルが適切に入力されていれば音が伸びるので、まったく問題がない。図Ⓓのように、直前のコードを延ばして2つのコードを無理にくっつける必要はない。

図Ⓒ

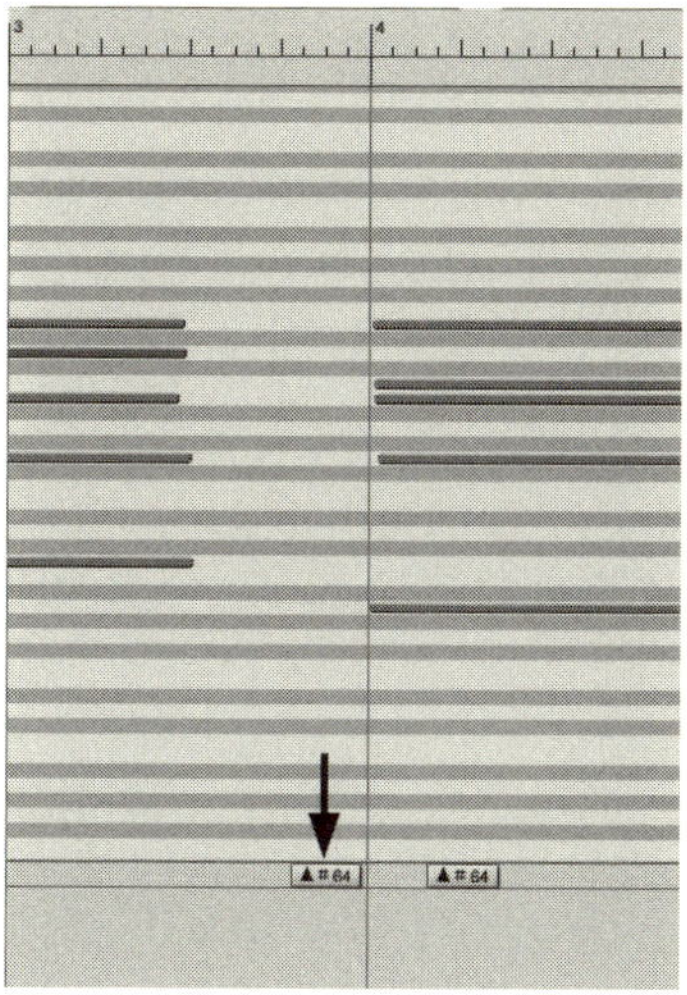

図Ⓓ

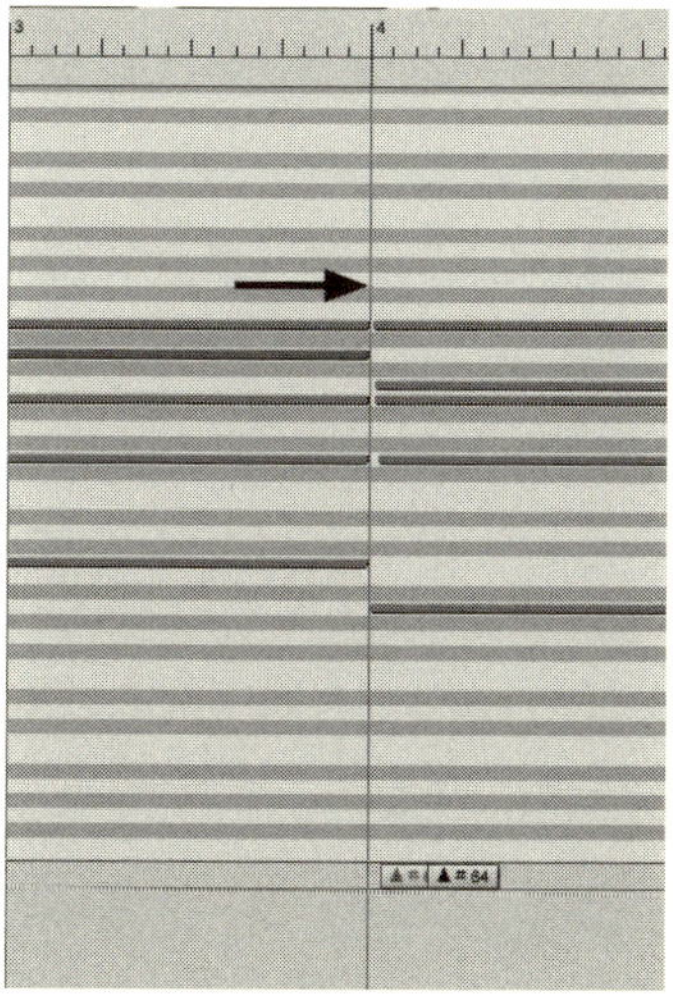

図ⓐ

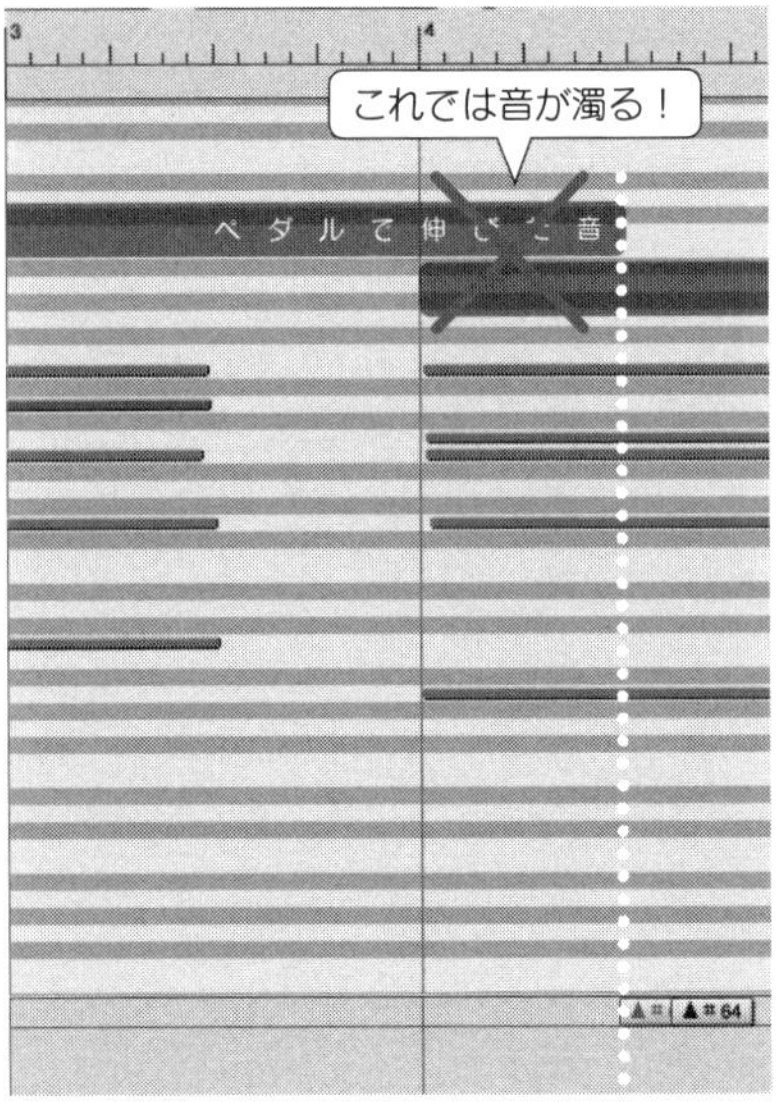

図ⓑ

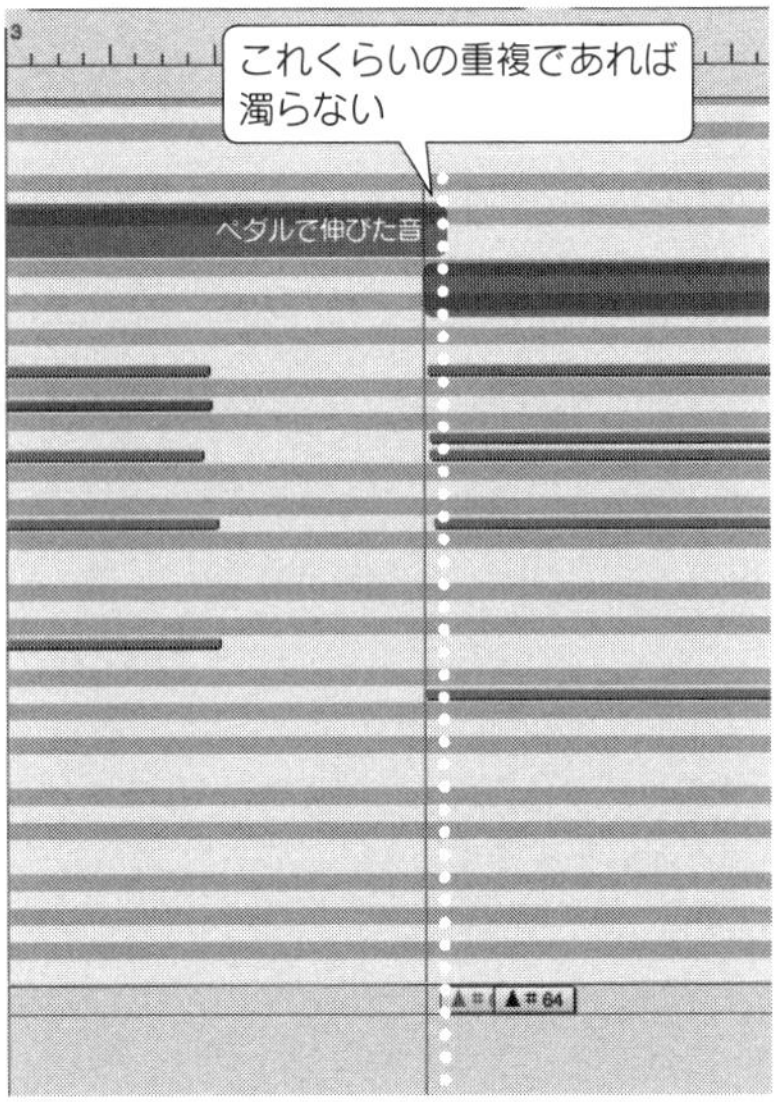

ペダルOFFのタイミングはコードが変わるのと同時が良いと思うかもしれないが、先にも書いたとおり、〝ペダルOFFはコードが変わったあとに〟入力し、前のコードと次のコードが少し重なるくらいのほうが自然な感じになる（上図ⓐ）。実際の演奏もそうだが、次のコードを弾いたらすぐにペダルを離すのが基本だ。

しかし、上図ⓑのようなタイミングでは遅すぎて、手前のコードと次のコードが重なって響いてしまい音が濁《にご》ってしまう。

注意しなければならないのは音のダブりだ。次図のように前後の音を重ねてしまうと、音源によっては音が止まってしまうこともあるので注意が必要だ。２つのコードの間は適度に空いているほうがいい。

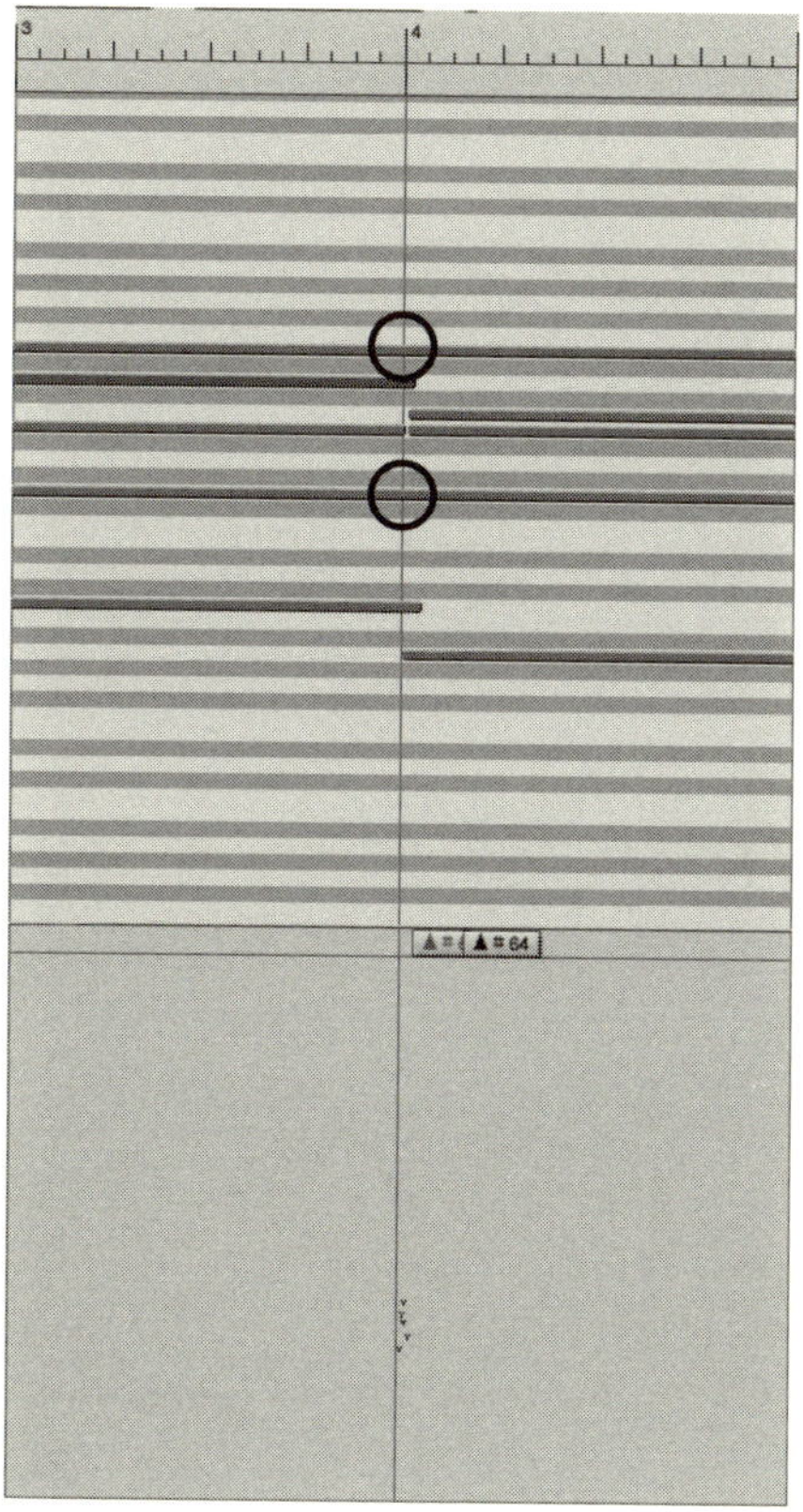

○で囲んだ部分では、前後の音が重なってしまっている。ピアノ音色に限らず、音楽ソフトではこういったデータを作らないようにしよう

◉ストリングス

音域は次のとおり。

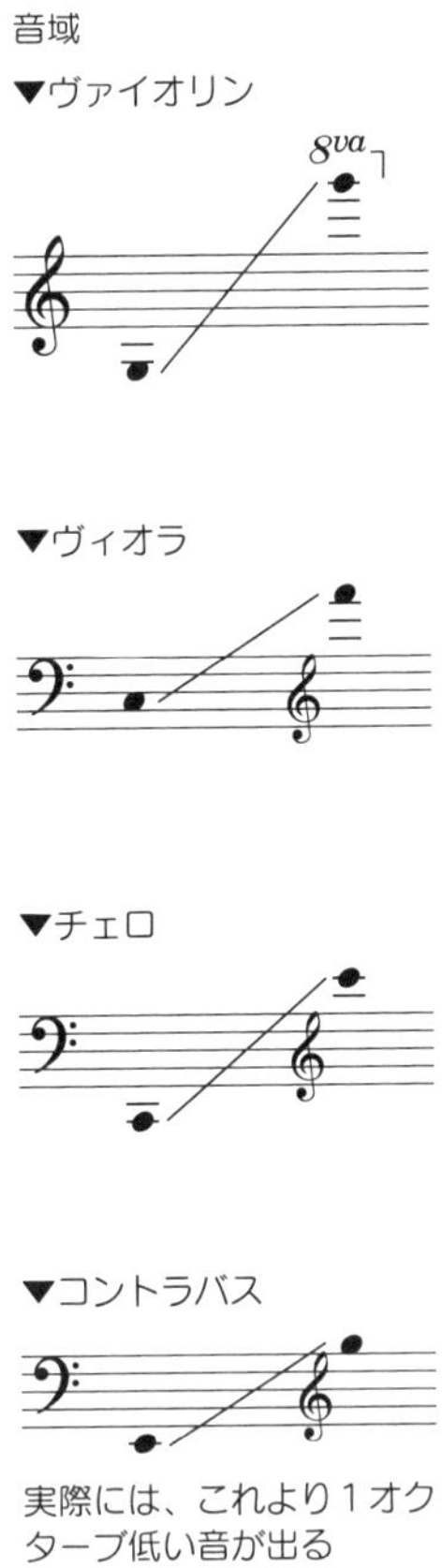

実際には、これより1オクターブ低い音が出る

ストリングスの入力では、聞こえる（演奏したい）音以外にも音を重ねて入力することがポイントとなる。

たとえばドラム、ベース、ギターなどといった一般的なバンド用にアレンジした曲のなかで、次ページ譜例のメロディをストリングスで演奏させたいとする。

通常、このメロディだけを入力したのでは、線の細いストリングスになってしまう。ストリングスは1つの**ライン**[解説]ではなく2つ、3つ、あるいは4つ、5つのラインで入力するとストリングスらしい響きとなる。

まず、２本のラインでアレンジする場合を見てみよう。２本のラインにする場合は、片方をハモらせるというのが、まず１つの方法である。

▼メロディ

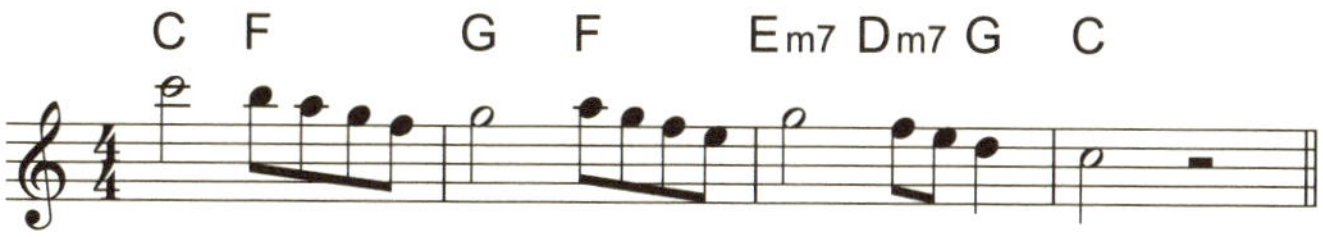

▼２本のラインの例　その１

解説 **ライン**

″メロディ・ライン″という言葉があるように、旋律を1つの線（ライン）としてとらえる言い方。

次譜例のようにオクターブ上、または下に重ねる方法もある。上に重ねると伸びやかな演奏となるし、下に重ねると厚みが増す。

▼2本のラインの例　その2

また、次のように2オクターブ離すと壮大な感じになる。

▼2本のラインの例　その3

次は3本のラインの例。オクターブ重ねとハモリを併用するのもいいが、フレーズをしっかり聴かせたいときなどは、3本のラインをオクターブで重ねるのも有効だ。

▼3本のラインの例　その1

▼3本のラインの例　その2

さらにラインを増やす場合には、コード音を演奏しつつ、適宜ハモらせるようにする。

▼4本のラインの例　その1

一番下のラインはチェロ・セクションとして考え、主にコードのベース音を演奏するようにする

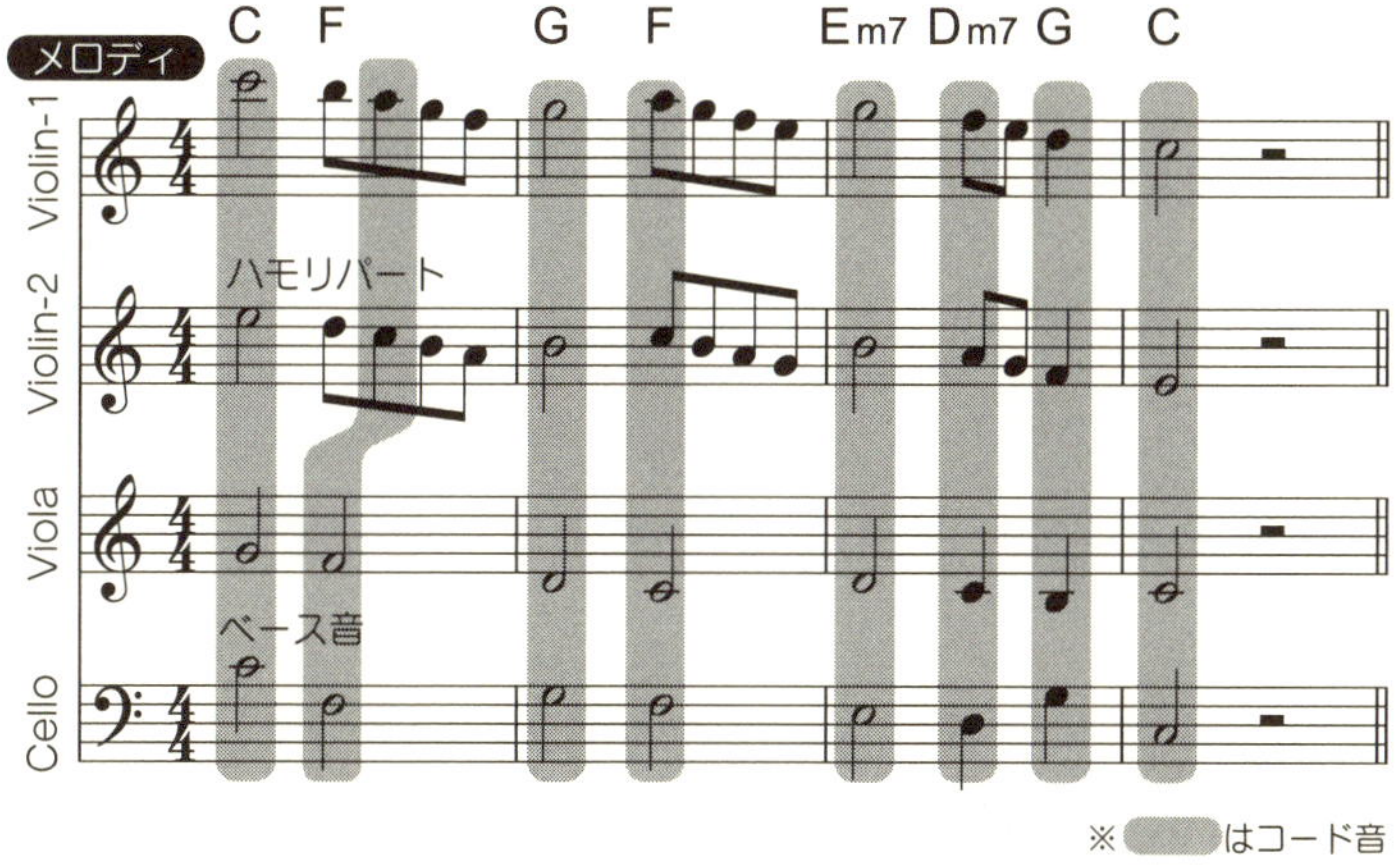

▼4本のラインの例　その2

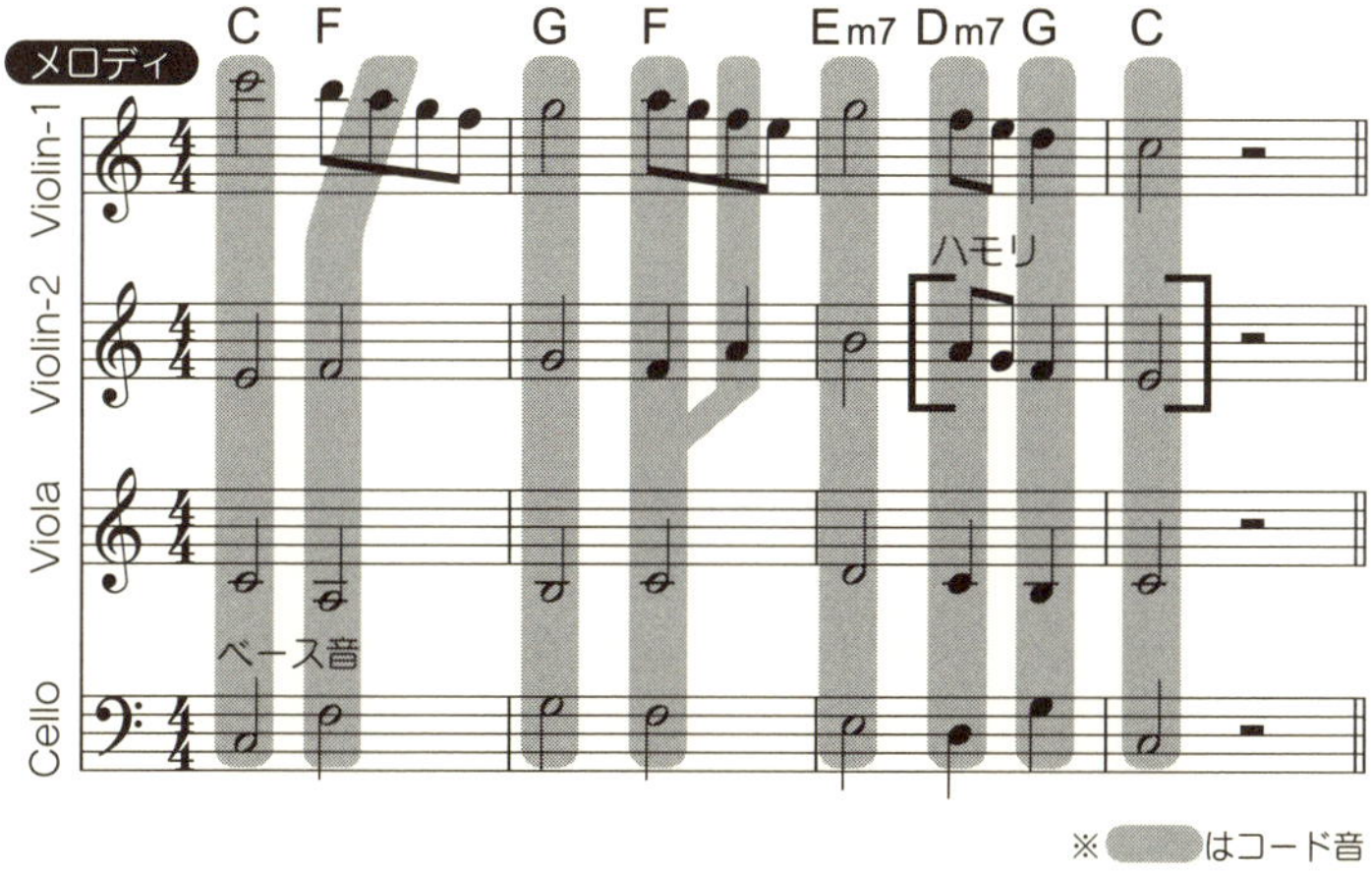

▼5本のラインの例　その1

一般的に、コントラバスは1オクターブ高く書くことになっているが、ここでは実際に聞こえる高さで書いてある

5本めのラインは、コントラバス・セクションとして考える。

あるいは、チェロに新たなメロディを担当させた次のようなアレンジも効果的だ。

▼5本のラインの例　その2

メロディ以外のパートはときどき聞こえるくらいでちょうど良く、ハッキリ聞こえるようにミックスする必要はない。メロディ・ライン以外の音があることで、結果的にメロディ・ラインをストリングスらしく聞こえさせる効果がある。

なお、コントラバスの音は、オーケストラ曲以外では、エレキベースとぶつかってサウンドが濁《にご》ってしまうので、使われないか、ほとんど聞こえないくらいにミックスされる。

また、ストリングスではベロシティと解説**エクスプレッション**を細かく入力することでリアルさがいっそう増す。次ページのピアノロール画面は、前ページの**譜例「5本のラインの例②」**のヴィオラとチェロのパートに、ベロシティとエクスプレッションを入力した様子だ。

解説 エクスプレッション

コントロールチェンジナンバー11（CC#11）がエクスプレッションに割り当てられている。これによって音が延びている間にも音量を変化させることが可能となる。ヴァイオリンなどの弦楽器やブラスやフルートといった、管楽器などの持続音系の楽器で効果を発揮する。

エクスプレッショを入力した画面

▼ヴィオラ

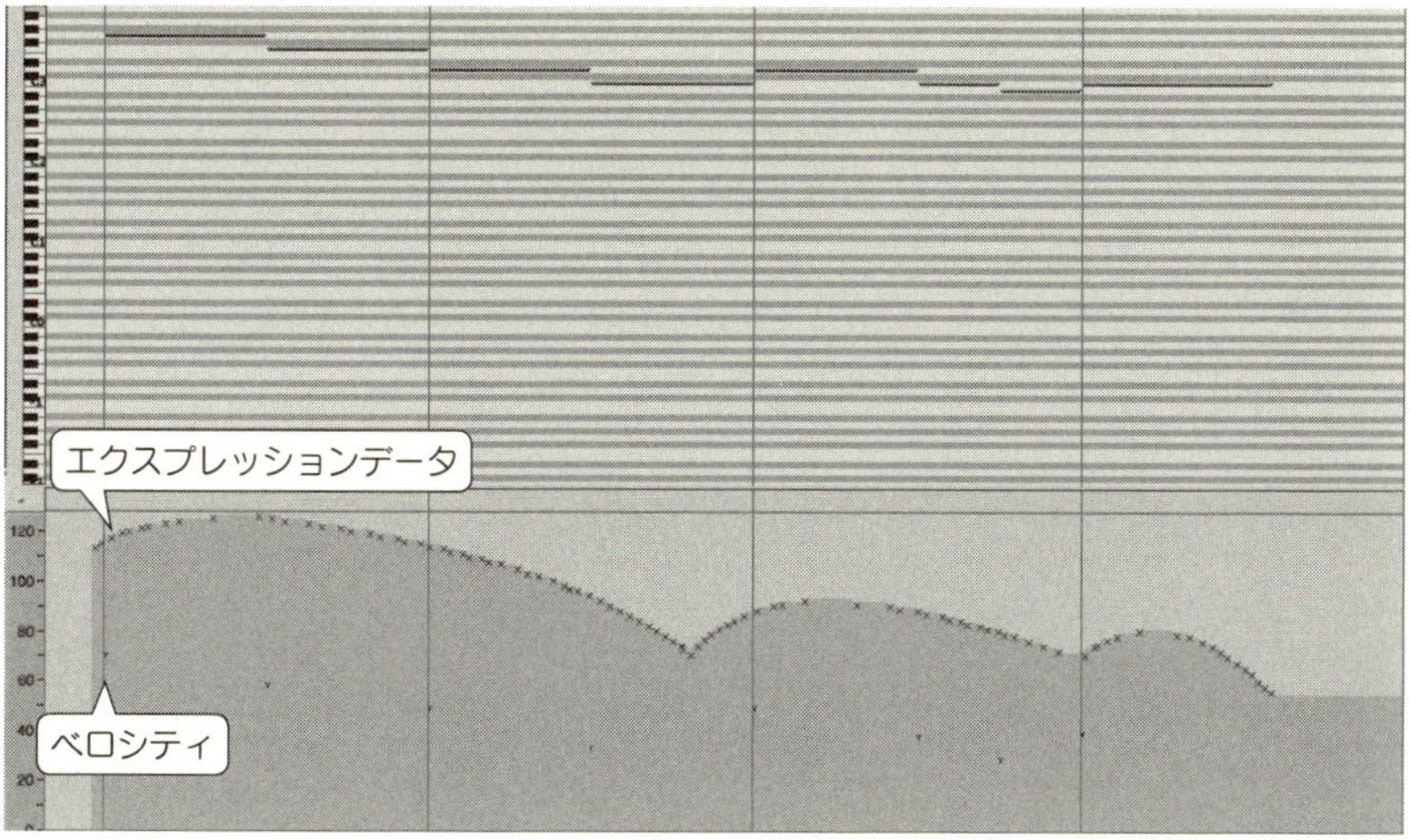

▼チェロ

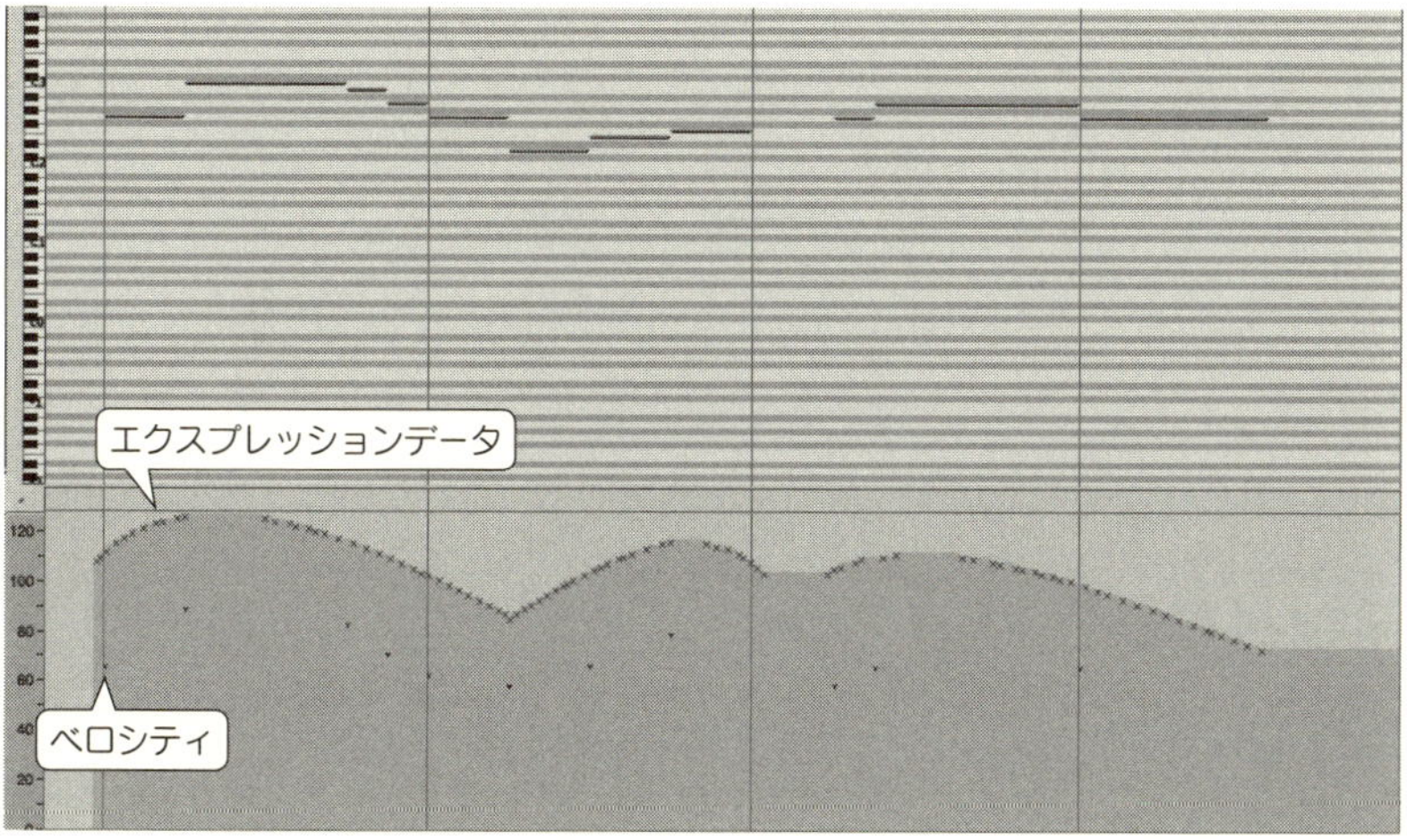

ブラス

ブラスとは金管楽器のことで、トランペット、ホルン、トロンボーン、チューバが代表的な楽器だ。音域は次のとおり。

音域

▼トランペット

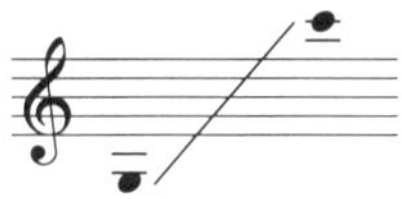

▼ホルン

▼トロンボーン

▼チューバ

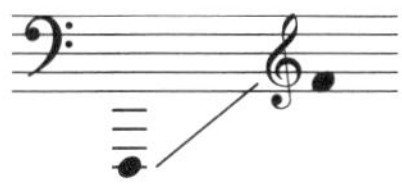

また分類としては木管楽器だが、サクソフォン（サックス）もブラス・アレンジに含まれることもある。なかでもよく使われるのは、テナーサックスとアルトサックスだ。

音域

▼ソプラノ・サックス

▼アルト・サックス

▼テナー・サックス

▼バリトン・サックス

ブラスの細かいアレンジについては各楽器についての詳細な知識が必要となるが、本書では一般的なアレンジに必要なことを厳選してコンパクトにまとめて説明することにする。

ブラスはソロでメロディを演奏することもあるが、ストリングスと同じようにその音だけではなく、オクターブを重ねたり和音を作るようにアレンジすると効果的だ。

たとえば次のようなキメフレーズがあったとする。

これをトランペット1本だけで演奏するのではなく、次のようにオクターブ下の音を重ねると、このキメフレーズに厚みが出て、ぐっとブラスっぽくなる。

▼2本の例

また、次のように3本の金管楽器を使う方法もある。

▼3本の例　その1

▼3本の例　その2

このようにオクターブを重ねて厚みを出しつつ、響きを確認しながらほかの音も入れていく。またその際、ボリュームバランスやパン（左右の位置）の設定によっても聞こえ方が変わるので、それらをトータルで調整すると、ブラスらしいサウンドを出すことができる。

【注意】バンド系の曲では、お互いの音を消しあってしまうので、ブラスとストリングスは同時に鳴らさないようにアレンジすることが多い。

以上を含めて、ブラスアレンジで気をつけたいのは次の5点だ。

ブラスアレンジで気をつけたいこと

ポイント1 トランペットをメインに使い、トロンボーンで厚みを出すのが基本。

ポイント2 ストリングスと同様に、ブラスオンリーのアレンジ以外では、エレキベースとぶつからないようにベースに該当するパート（チューバや低い音域のトロンボーン）は使わない、またはボリュームをかなり下げる。

ポイント3 音域内であってもその楽器が出せる限界に近い音は使わない。

ポイント4 ベロシティを高めに設定すると明るい音、低めに設定すると柔らかい音になるが、ブラス関連の音色はその差が大きい傾向にある。曲調にあわせてベロシティを調整する。

ポイント5 ボリュームとパンを使って、各パートのバランスを調整する。

第3章　サウンドメイキング編

■ソフト音源で出したいサウンドを出せる
■新しいアイテムもすぐに使いこなせる
■ミキシングがうまい

プロならではのこういったスキルは、長年の経験によって培われたものだ。

自覚しているかいないかに関わらず、プロは音に関してある共通のアプローチをしていると私は考えている。本章ではその秘密に迫ってみたい。

指南書によくある〝スネアを際立たせるためにはイコライザーで○○**キロヘルツ**（解説）を○○**デシベル**（解説）くらい上げて……〟というような数値を覚えるのではなく、その言葉の源泉を知ることが重要なのだ。

まず、音の仕組みを理解することからはじめよう。これを理解すれば、ソフト音源を操作して出したいサウンドを出せるようになるし、ミキシングの源泉に到達できる。

解説 キロヘルツ

1秒間に空気が振動する回数をヘルツ（Hz）という。振動数が多くなるに従って音は高くなる。人間が聞くことのできる範囲は20ヘルツから20，000ヘルツといわれている。

1キロヘルツ（KHz）＝1，000ヘルツ（Hz）

解説 デシベル

音の強さを表す単位。

ミキシング時には0.5デシベル上げるとか、1.0デシベル下げるというように、小さい数字を調整することが多い。1デシベル違うと音量は1.1倍の違いとなる。同様に2デシベルは1.25倍、3デシベルは1.4倍、4デシベルは1.58倍、5デシベルは1.8倍、そして6デシベルの差は2倍の大きさに匹敵する（いずれも概算）。

楽器がその楽器の音に聞こえる理由

ヴァイオリンの音を聞いたとき、なぜそれがヴァイオリンの音であるとわかるのだろうか。なぜピアノの音と間違えないのだろうか。ヴァイオリンとピアノでは音が違うことは明白だが、いったい何が違うのだろう。

こういったことに詳しい人なら「それは倍音（152ページ）が違うからだよ」と言うかもしれない。それももちろん大きな理由の1つだが、それでは3分の1しか答えられていない。

たとえばヴァイオリンと歪《ひず》ませたギターの倍音構成は比較的似ている。それなのに私たちはヴァイオリンとギターとをしっかり聴き分けることができる。これは、ヴァイオリンとギターの発音メカニズムが違うためだ。

ギターはピックで弦を弾《はじ》くので、音が鳴りはじめる瞬間に独特のピッキング音が聞こえる。倍音は似ていても、そのピッキング音でギターとわかるのだ。

実際、エレキギターの奏法の1つに〝ヴァイオリン奏法〟というものがある。ピッキングするときはボリュームを下げておいて、ピッキングしたらすぐにボリュームを上げる。つまりピッキングした音を聞かせないようにする奏法だ。こうして出てきた音は、ヴァイオリンと間違えるほどとはいかないまでも、かなり似たサウンドに聞こえる。倍音が違う、あるいは似ているという場合の〝倍音〟は、

楽器	鳴りはじめ（アタック）の音	そのあとの音
ギター、ベース	弦を弾《はじ》く音	弦の振動による音
弦楽器	弓が弦を擦《こす》る音	弦の振動による音
ピアノ	ハンマーが弦を叩く音	弦の振動による音
打楽器	叩く音	叩かれたものが振動する音
管楽器	息を吹き込む音	楽器によって音の出る仕組みはさまざまだが、管で音を大きくしている
声	子音	母音

ピッキングなど、楽器特有の発音メカニズムによる音のあとに聞こえる弦などの振動による音のことを指しているのだ。

では、主要な楽器の〝鳴りはじめの音〟と〝そのあとの音〟について考えてみよう（上の表を参照）。

たとえばピアノは、ハンマーが弦を叩く〝コツ〟という短い音からはじまり、そのあと叩かれた弦の振動がピアノの共鳴板などボディ全体に伝わる。これらの音をまとめて私たちはピアノの音と認識する。またバスドラムでは、〝鳴りはじめの音〟はビーターが皮を叩くピッチの高い音であり、〝そのあとの音〟は皮の振動が胴体全体を震わす低い音だ。

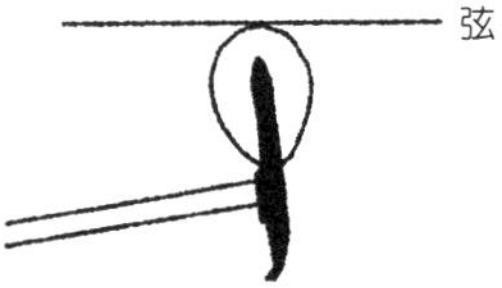

ピアノのハンマー

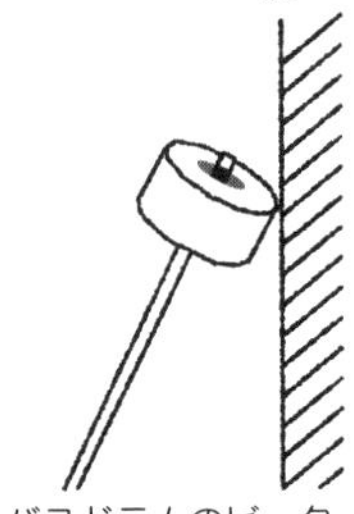

バスドラムのビーター

人の声ではどうだろう。たとえば〝か（Ｋａ）〟と発音する場合を考えてみると、子音の〝Ｋ〟と母音の〝ａ〟が両方聞こえて、はじめて〝か〟と聞こえる。母音の〝ａ〟が聞こえただけでは〝か〟とは聞こえない。この場合、子音の〝Ｋ〟が〝鳴りはじめの音〟、母音の〝ａ〟が〝そのあとの音〟に相当する。

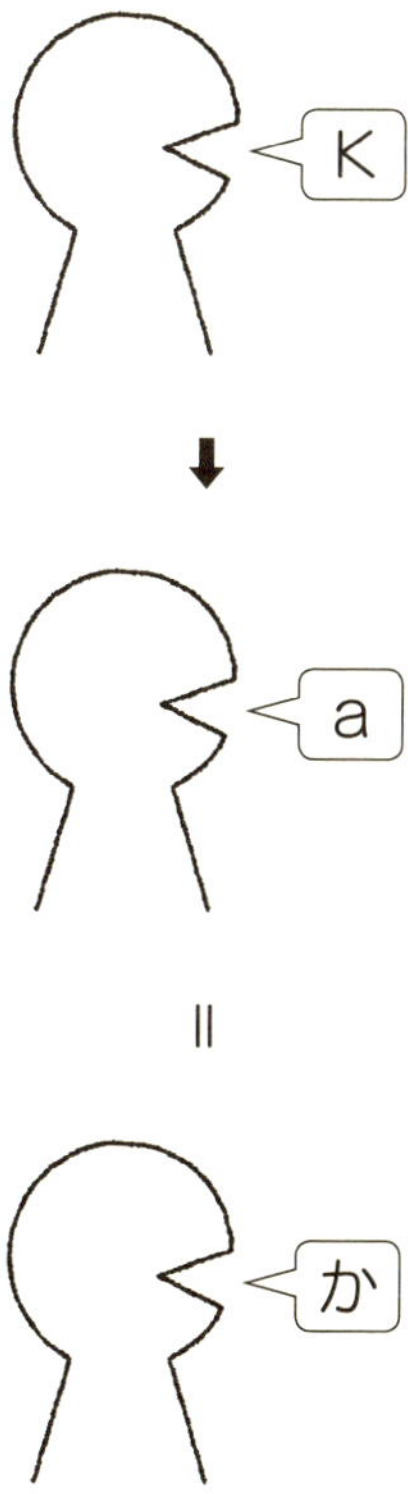

このように、楽器の音は音を出す仕組みが起因となる鳴りはじめの一瞬の音と、それによって振動するそのあとの音とに分けることができる。

ここまででその楽器であるとわかる理由の3分の2がわかった。

では、残る3分の1は何だろうか。

それは、〝時間の経過とともに音がどのように変化するか〟だ。

たとえば、ピアノの音は**図Ⓐ**のように最初が大きく、弦の振動が弱くなるに従ってだんだん小さくなってゆく。ところが、途中から音が大きくなるとそれは慣れ親しんだピアノの音ではなくなる（**図Ⓑ**）。

図Ⓐ　ピアノの音

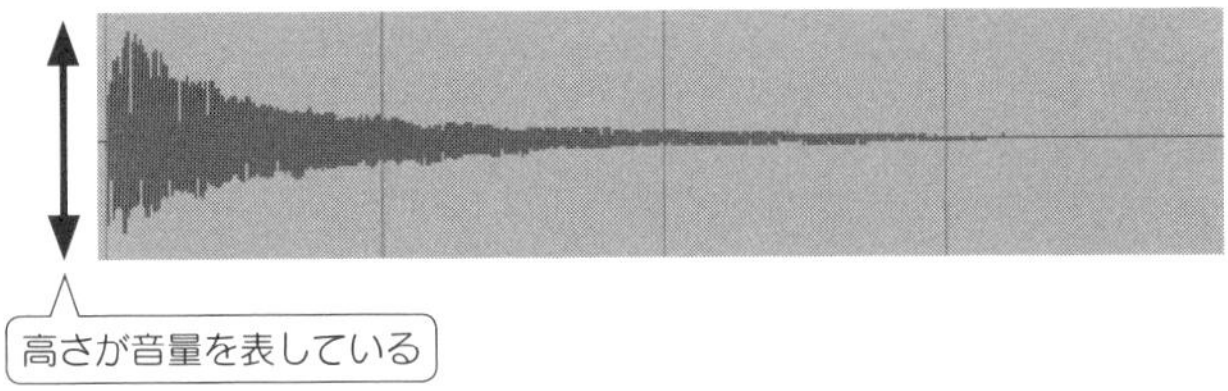
高さが音量を表している

図Ⓑ　ソフトを使って途中から音量を変えたときの音

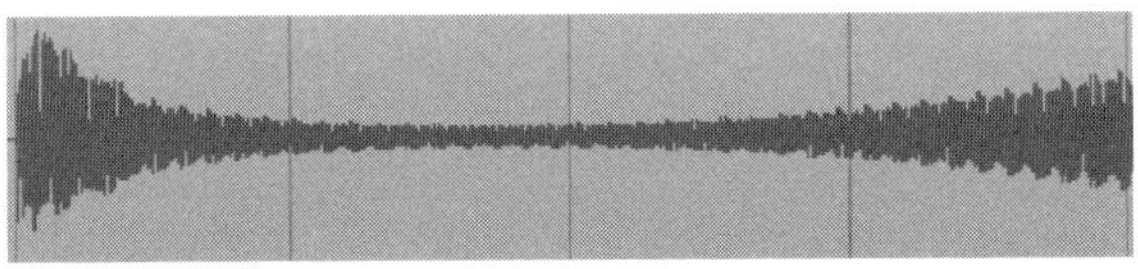

またピアノは、音量が変化するだけではなく、倍音の含まれ方も時間経過とともに変化している。

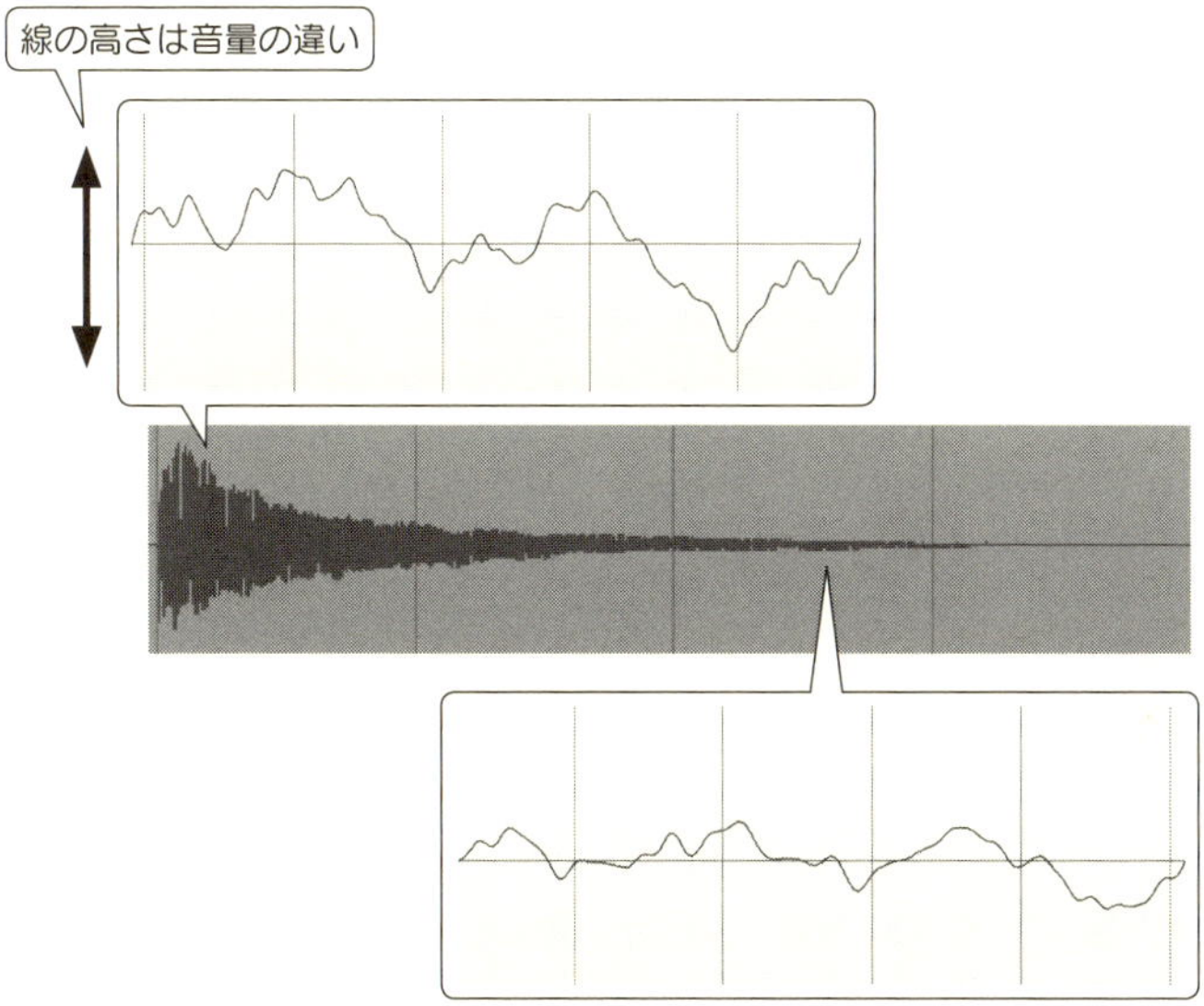
線の高さは音量の違い

線の表れ方の違いが倍音の違いを表している。後半のほうがギザギザが少なくなだらかで、倍音が少ないことを表している

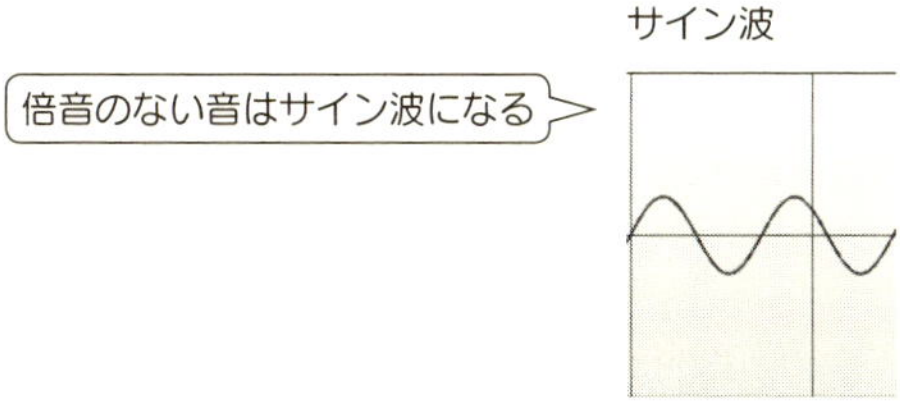
サイン波
倍音のない音はサイン波になる

ピアノやギターや打楽器のように叩いたり弾《はじ》いたりする楽器は、このように時間の経過とともに音

量が下がり、倍音も少なくなってゆく傾向がある。楽器によってその下がり方や減り方が異なり、それが楽器の音を特徴づけている。

一方、管楽器や弦楽器のような楽器では、時間の経過による音量の変化や倍音の含まれ方は、奏者が自由にコントロールすることが可能だ。その点が先に挙げた楽器と大きく異なる。

【注意】考え方によっては、この〝時間的変化〟と〝鳴りはじめとそのあとの音〟とは同じである。しかし音楽制作においては、これらを分けて考えたほうがわかりやすいので、本書では分けることにした。

倍音について

ここで倍音についても、しっかりと理解しておこう。

トランペットなど明るい音には倍音が多く、フルートなど**柔らかい音**解説には倍音が少ない。

次の〝A〟の音を例に、実際の音を聴きながら、倍音の出ている様子を視覚化した周波数分布画面で確認しよう。

▼トランペットの場合

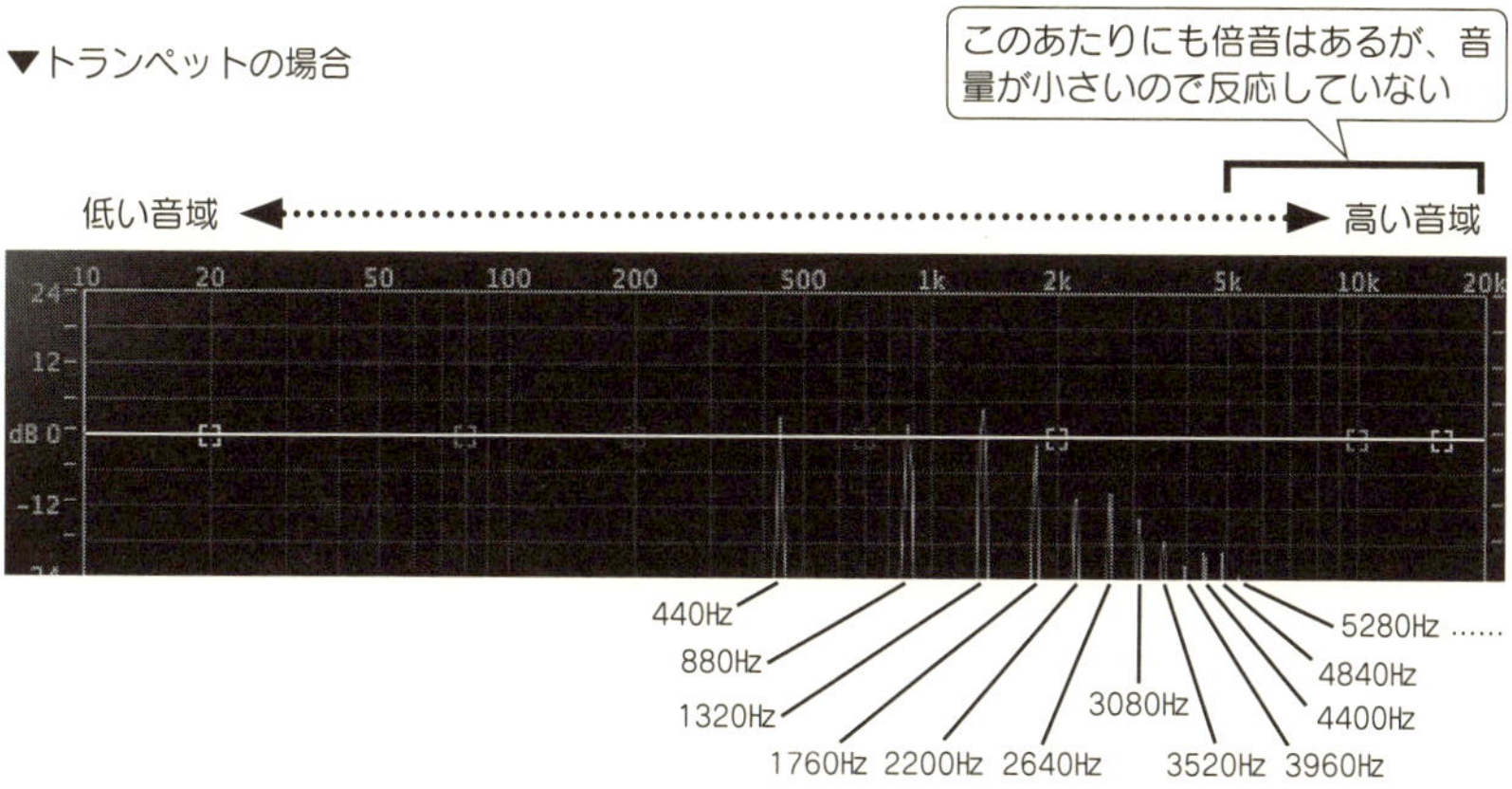

まずは、トランペットで強く演奏した場合を見てみよう。

聴いてみよう

34 【倍音・1　トランペット】

上図は、DigitalPerfomer《デジタルパフォーマー》に付属のイコライザーで見た、周波数分の様子だ。下から槍《やり》のように飛び出したところ、1つひとつが倍音を示し、それぞれの高さは音量の違いを表している。もとの音〝A＝440ヘルツ〟の2倍、3倍の周波数をもつ倍音が含まれていることがわかる。

倍音の1つひとつは時報と同じサイン波だ。つまり、高さの違うサイン波が集まって、トランペットの音を作っているというわけだ。

またここには表れていないが、楽器に吹き込む息の音やピストンを操作する音など、倍音以外に

解説　柔らかい音

柔らかい音というのは、倍音以外に、このあとのシンセサイザーの項で解説するアタックタイム（175ページ）が関連していることも多い。ここでは、倍音が多い場合の〝明るい〟に対する言葉として用いている。

▼フルートの場合

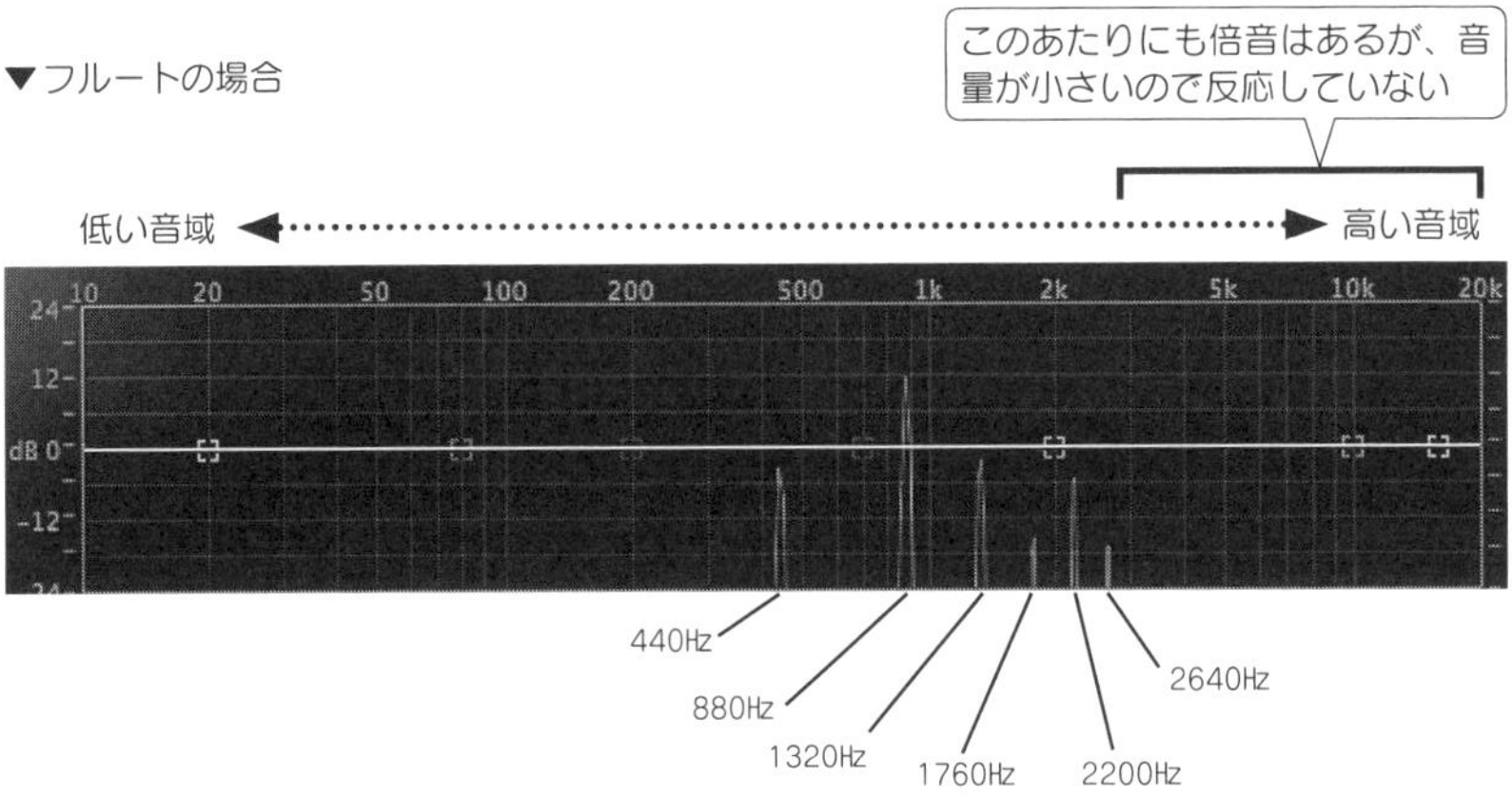

も、その楽器らしさを作っている音もある。

では、同じ音をフルートで吹くとどうだろうか（上図参照）。

聴いてみよう 35 ［倍音・2　フルート］

前ページの図と比べると、明らかにフルートのほうが倍音が少ないことがわかる。

【注意】倍音の含まれ方は時間とともに刻々と変化するが、およそこのような違いがあるということはできる。

次に、イコライザーを使ってトランペットの音を柔らかくしてみた。

聴いてみよう 36 ［倍音・3］

図Ⓐ　トランペットの音を柔らかくする

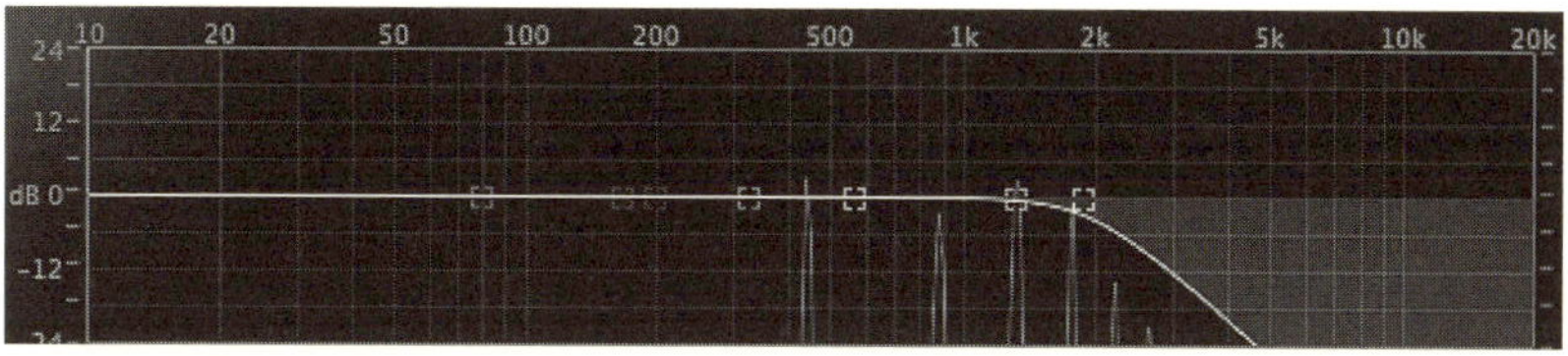

図Ⓑ　トランペットの倍音構成をフルートに近づけてみた

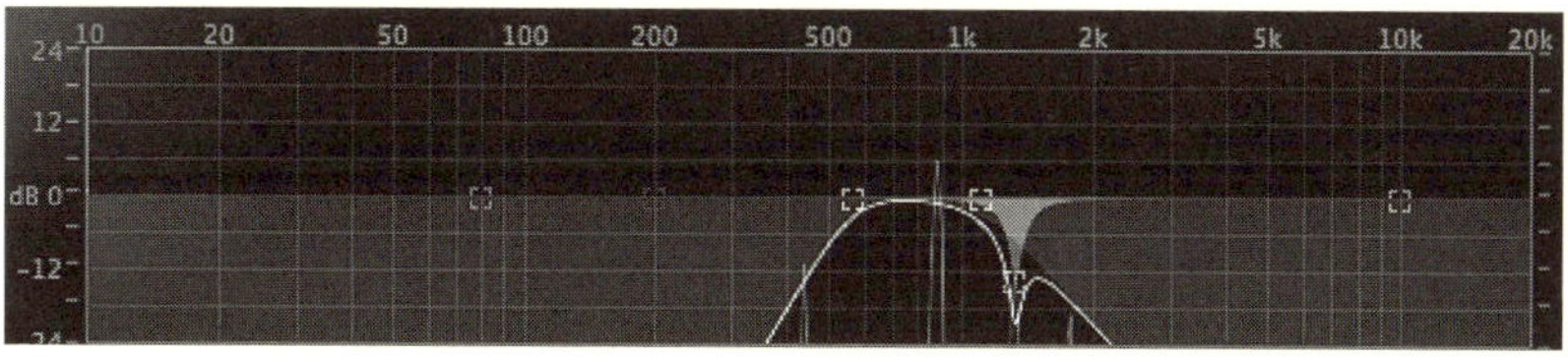

このイコライザー画面が上図Ⓐだ。高いほう（図の右側）の倍音の音量を小さくしている。

このように、イコライザーを使って音の明るさを変えるということは、ある帯域の音量を変えていることにほかならない。

先にも書いたように、倍音、つまりサイン波がある一定の割合で集まると、その楽器に特有の音になる。ということは、含まれる倍音の割合を編集すれば、音色を変えることができるのだ。

試しにトランペットの倍音をさらにイコライザーで編集して、フルートの倍音に近づけてみたのが上図Ⓑだ。

37 ［倍音・４］

トランペットの特徴的な鳴りはじめの音がそのまま残っているし、ある瞬間の比較でしかないのでフルートそっくりとまではいかないが、音が伸びている部分では少しフルートに似て聞こえる瞬間がある。

◉音を特徴づける3つの要素

ここまで、倍音の仕組みを織り交ぜながら、楽器がその楽器の音に聞こえる理由を3つの要素に分けて説明してきた。それをまとめると次のようになる。

要素1　鳴りはじめの音
楽器の発音メカニズムに起因する音。叩く、弾《はじ》く、吹くなどによって変わる。一瞬である。

要素2　そのあとの音
要素1に続いて聞こえる音。倍音が多ければ明るい音に、少なければ柔らかい音になる。

要素3　時間経過に伴う変化
要素1と2のすべてにおいて、時間経過に伴う〝倍音〟、〝音量〟、〝ピッチ〟の変化。

148ページのピアノの音の仕組みをこの3つの要素にあてはめると、次のようになる。

要素1　ハンマーで弦を叩く〝コツ〟というような音。

要素2　弦が振動してピアノのボディ全体に振動が伝わる。倍音は比較的少なめ。

要素3 弾いた瞬間はハンマー音とともに大きな音が出るが、時間の経過に伴って音量は小さくなっていき、また倍音も減って音色が柔らかくなってゆく。

ここで問題。
次に挙げる楽器の音について、ピアノのように3つの要素から分析してみよう。その楽器のことを演奏したことがなくても、想像して分析することが重要だ。
回答例は次のページ。正しい唯一の正解があるわけではない。さまざまな回答がある。

スネアドラム
クラッシュシンバル
ヴァイオリン
トランペット
フルート
オルガン
ボーカル
アコースティックギター
オーバードライブ（歪《ひず》ませた）・ギター
マリンバ

【前ページの回答例】

スネアドラム

要素1 スティックが皮を叩く音。

要素2 皮の振動が胴全体に伝わる。倍音は多めで複雑。

要素3 音量が急に下がる。多くの打楽器はこのタイプだ。

【注意】ピアノやヴァイオリンなど、ドレミがしっかりわかるような楽器の倍音は、153ページのように周波数が倍、倍……となっているが、打楽器のようにドレミがわかりにくい楽器は倍、倍には並んでいない。そのため、ピッチ感がハッキリしない。

クラッシュシンバル

要素1 スティックが金属面を叩く音。

要素2 倍音は多く、複雑。

要素3 打楽器ではあるが、スネアドラムのように音はすぐに減衰しない。かなり長い時間をかけて減衰する。

ヴァイオリン

要素1 弓が弦を擦《こす》る音。

要素2 弦の振動がボディに伝わる。倍音は多い。

要素3 弦を擦り続ければ音は減衰しない。途中で音量を上げることも下げることも可能。ロングトーンではビブラート（ピッチの細かな上下）が効果的。

トランペット

要素1 息を吹き込む音。少しだけ低いピッチから入る。
要素2 唇の振動がマウスピースを通して管に伝わる。倍音は多い。
要素3 ヴァイオリンのように音量を途中で上げることも下げることも可能。

フルート

要素1 息を吹き込む音。
要素2 倍音は少なめ。
要素3 トランペット同様、音量を上げ下げすることが可能。ロングトーンではビブラートが効果的。

オルガン

要素1 教会のオルガンの場合はパイプに空気が吹き込まれる音。ハモンドオルガンなどの電気を使ったオルガンでは、アタック音を付加する機能がついている。
要素2 ストップレバーを使って倍音の増減が可能。
要素3 鍵盤を弾く強さによって音の強弱を変えることはできない。鍵盤を押している間は音が持続し、鍵盤を離すと急激に音量が下がる。

ボーカル

要素1 子音。

要素2 母音。

要素3 音量の変化が可能。

アコースティックギター

要素1 ピックが弦を弾《はじ》く音。

要素2 弦の振動がボディに伝わる。スティール弦は倍音が多く、ナイロン弦は倍音が少ない。

要素3 打楽器のように早くはないが、音量は減衰してゆく。

オーバードライブ・ギター

要素1 ピックが弦を弾《はじ》く音。設定にもよるが、歪《ひず》みが強くなるにつれて弦を弾く音は目立たなくなる。

要素2 倍音はかなり多い。

要素3 ギター本来の音より長く延びる。

ここまで、実在する楽器を例に音について考えてきたが、シンセサイザーで生成する音の場合も、考え方は同じだ。

次のフレーズを4回、シンセサイザーで演奏したオーディオファイルを用意した。4回とも違った音で演奏している。それぞれどのような違いがあるかだろうか。**要素2**の倍音の含まれる割合はすべて同じなので、**要素1**（鳴りはじめの音）と**要素3**（時間経過に伴う変化）について、ファイルを繰り返し聴きながら考えてみてほしい。

聴いてみよう

38［3つの要素・1］

▼ピアノロール画面

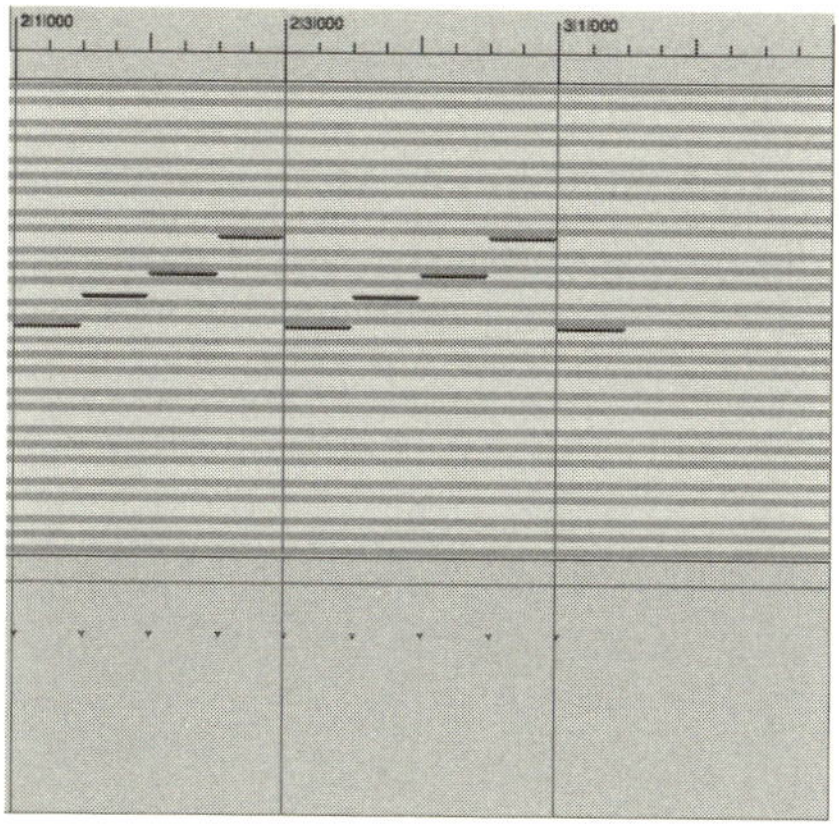

4回の演奏をそれぞれ順に[A]、[B]、[C]、[D]とすると、次のように聞こえるだろう。

[A]は音が出たあと、打楽器やマリンバのように急激に音量が下がる。

[B]は音量が下がらない。ヴァイオリンのように音量が持続する。[A]で音量が下がることを感じられなかったとしても、[B]と比較すれば[A]の音量が時間とともに下がっていることがわかるだろう。

[C]も[B]同様に音量が下がらないが、ピアノのペダルを踏んだときのように、その音の演奏が終わってもすぐには消えず余韻が残る。

[A]、[B]、[C]は鳴りはじめがハッキリしていた（アタックがあった）が、[D]はヴァイオリンをそっと弾いたようにゆるやかに鳴りはじめる。そのあとの経過は[C]と同じだ。

▼音の時間経過による変化

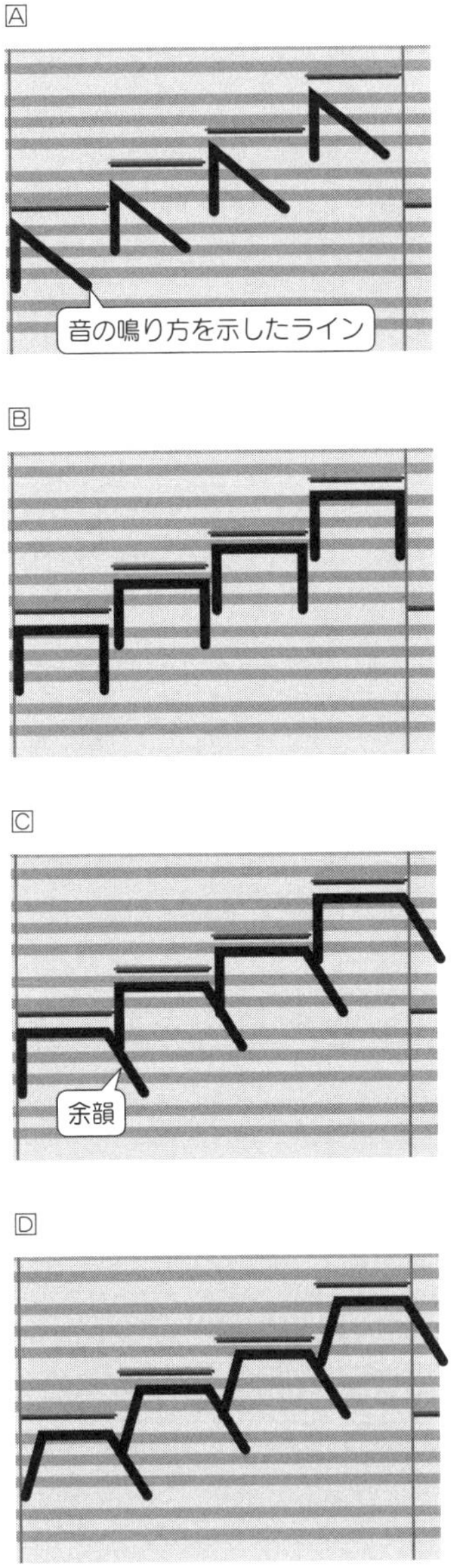

次に**オーディオファイル39**を聴いてみよう。先ほどと同じフレーズが3回演奏されている。1回めは**オーディオファイル38**のDと同じだ。そのあと、音の感じが違う演奏が2回（EとFとする）続く。EとFは何が違うのか、Dを基準にして考えてみよう。

聴いてみよう

39 「3つの要素・2」

3回の演奏の変化を言葉にすれば、D→E→Fの順に音が柔らかく、あるいは暗くなっている。これはトランペットとフルートを比較したときと同じで、倍音の含まれ方が違っているからだ。この倍音の含まれ方をコントロールするのがシンセサイザーの〝カットオフ・フリケンシー〟だ。

次の図は、D、E、F、それぞれのカットオフ・フリケンシーの設定だ。カットオフ・フリケンシーは、左に回す（縦型スライダー式のつまみでは下に下げる）ほど倍音が減って、音が柔らかくなる。

▼カットオフ・フリケンシー

D

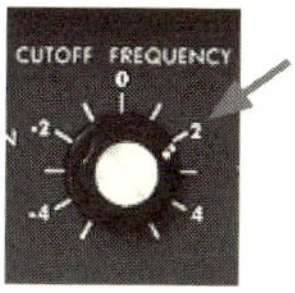

E

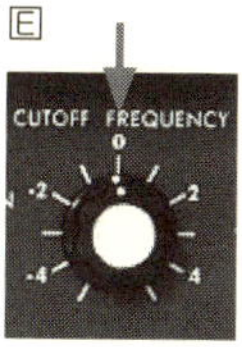

F

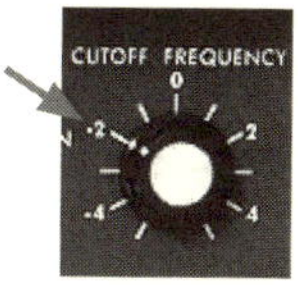

次に**オーディオファイル40**を聴いてみよう。やはり同じフレーズが3回演奏されている。このうちの1回めはAと同じだが、続く2つの演奏（GとH）は明らかに音が違う。何が違うのだろうか。

聴いてみよう

40［3つの要素・3］

Aは162ページの図で見たように、発音後、音量が急激に下がっている。それに対してGは、音量は下げず一定のままにしておいて、発音と同時に倍音を急激に減らしている。このように倍音が減ったときも音量が下がったように聞こえるが、音量を下げた場合と聞こえる音のニュアンスが違う。

A　音量の変化

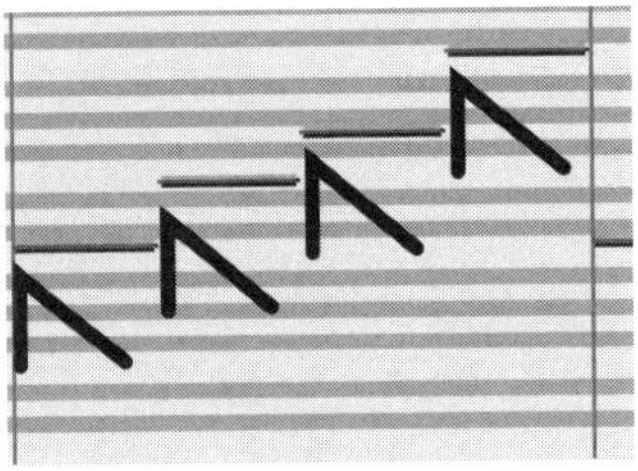

G　倍音の含まれ具合の変化

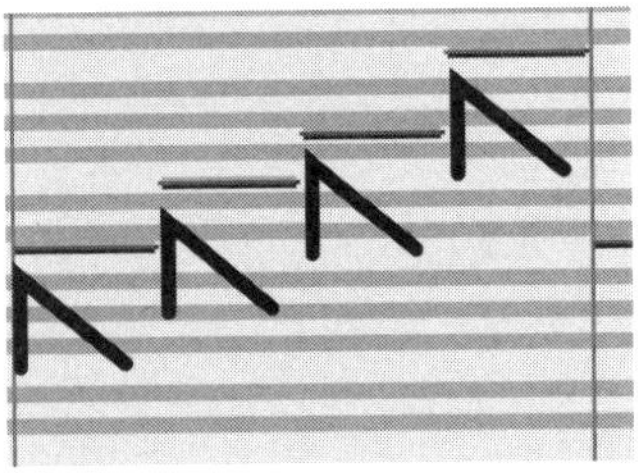

Hは音量と倍音の両方を急激に減らしている。聴いた感じは次のようなラインに聞こえるだろう。

H

もう1つ、オーディオファイルを聴いてみよう。

今度は、上譜例に示したロングトーンが3回（I、J、K）連続して演奏されている。

3回ともロングトーンの途中で〝うーわーうーわー〟と変化しているが、これはいったい何が変化しているのだろうか。

聴いてみよう

41

「3つの要素・4」

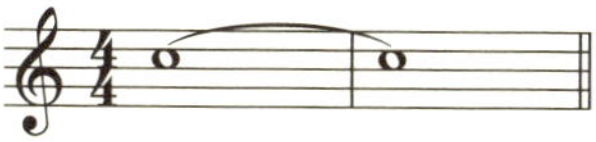

ピアノロール画面では、次のようになっている。
□で囲んだ上下の変動は、何に変化を与えているのだろうか。音を聴いて考えよう。次のページに答えがある。

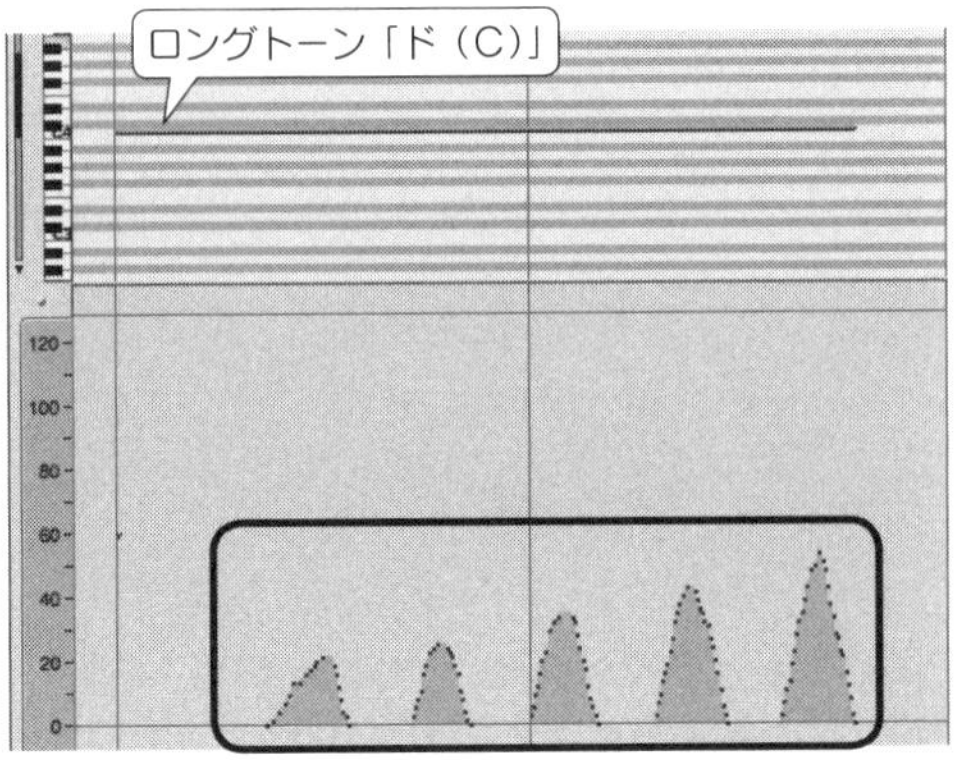

【前ページの答え】

1回めのロングトーン[I]では、倍音の量が多くなったり少なくなったりしている。言い方を変えれば音の明るさが変わっている。ピアノロール画面の上下の変動は174ページのカットオフ・フリケンシーのつまみの回し具合にリンクしていたのだ。

このように倍音の量が変わる効果を〝ワウワウ〟、または単に〝ワウ〟という。エレキギターを弾く人ならワウペダルでおなじみだろう。

2回めのロングトーン[J]は、音の高さ（ピッチ）が変動している。こういった効果は〝ビブラート〟というが、もう少し早く変動したほうがリアルに聞こえるだろう。

3回めのロングトーン[K]は、音量が変化している。こういった効果を〝トレモロ〟という。ギターアンプやエレクトリック・ピアノに備わっていることもあるが、その場合は〝ビブラート〟と呼ぶことがある。

本項の最後に、まとめの問題を5問、用意した。各問題に用意された音がどのような特徴をもった音であるか、これまで解説してきたことをもとに、できるだけたくさん書き出してみよう。音を〝鳴りはじめ〟と〝そのあとの音〟という2つの部分に分けて考え、さらに時間経過に伴う〝倍音〟、〝音量〟、〝ピッチ〟の変化について考えるといい。

回答例は、各ページの下に示した。まずは回答例を見ずに自力でチャレンジし、そのあとで回答例をよく読んで音のとらえ方をマスターしてから次の問題へ移るといい。

【問題1】

42 ［問題1］

ヒント：オクターブ以上離れた２つの音が聞こえる。
それぞれの音の性質の違いを分析しよう

【問題１の回答例】

高い音と低い音が聞こえる。高い音は音が早く減衰するが、低い音は持続する。その違いは２小節めの長い音符で顕著になる。また、高い音は倍音が多く、低い音は倍音が少ない。

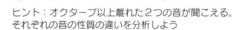

ヒント：3つの音が重なっている。1つひとつの音について考えよう

43
［問題2］

【問題2の回答例】

楽譜どおりの高さの音は倍音が少し多めで、低いほうの音は倍音が少ない。それとは別にピッチが大きく変化する音があり、こちらは倍音が多い。ピッチの変化は右図のようなカーブだ。

▼ピッチの変化

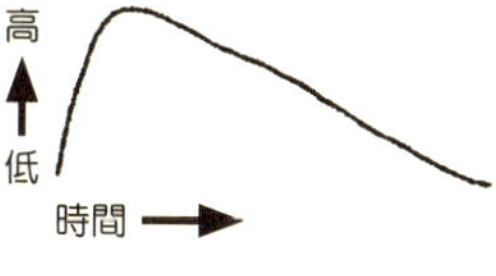

ヒント：楽譜にあるド（C）‐ファ（F）‐ド（C）の音以外に２種類の音が重なり、全部で３つの音が聞こえる

44

［問題3］

【問題３の回答例】

ド（C）‐ファ（F）‐ド（C）の各音は、１音ごとに倍音の量が次のようなカーブで増減している。音の余韻も長めだ。

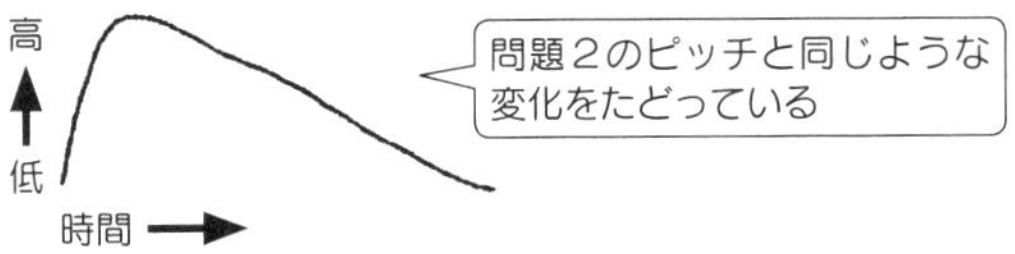

上記の音以外にアタックの速い２つの破裂音のような音が重なっている。鳴りはじめのこの打楽器的な音が、この音色を印象づけている。比較的高い帯域の破裂音はすぐに減衰する一方で、遠くから聞こえる雷鳴のような低い帯域の破裂音は音が長く延びている。

▼高い帯域の破裂音の音量変化

▼低い帯域の破裂音の音量変化

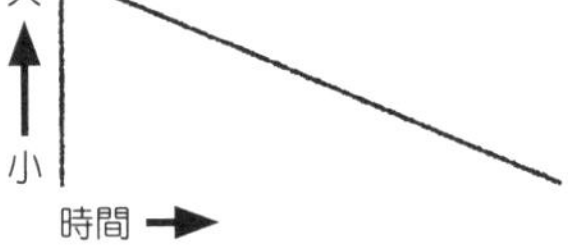

【問題4】

45

［問題4］

ヒント：エフェクター（リバーブ）がかかっているが、リバーブの残響に惑わされないようによく聴こう

【問題4の回答例】

楽譜どおりのC音は減衰が早い。その音以外に机を叩いたような比較的高い音と、太鼓のような低い響きと、シンバルがうっすら聞こえる。【問題3】同様に、鳴りはじめのこれらの打楽器的な音が、この音色を印象づけている。

【問題5】

ヒント：ペダルはずっと踏みっぱなしだ。それを考慮して音の伸び具合を考えてみよう

【問題5の回答例】

エレピとベルをミックスした音。ピアノと同じようにゆるやかに音量が減衰している。ベルよりエレピのほうが少しだけ余韻が長い。

音を分解して考えるスキルを身につければ、シンセサイザーやソフト音源で音色を編集することができるようになる。また、ミキシングにおいては使い方が難しいといわれているイコライザーやコンプレッサーを適切に使えるようにもなる。

次項からは本項で身につけたスキルを使って、シンセサイザーでの音の編集やミキシングのコツを解説してゆこう。

シンセサイザーやソフト音源の編集のコツ

最近のシンセサイザーやソフト音源（以降、まとめて〝音源〟とする）は多彩で魅力的な音色がプリセットされていてるのでとても便利ではあるが、実際に曲のなかで使うとなるとそのままでは使うことができない。その曲にあうように多少でも修正することが、作品全体のクオリティアップには必要となってくる。音源の編集に威力を発揮するのが前項の〝音を分解して考えられる力〟だ。

156ページで解説した、音を特徴づける3つの要素を改めて見てみよう。

要素1 鳴りはじめの音

要素2 そのあとの音

要素3 時間経過に伴う変化

〝音をこの**3つの要素に分解**して考え、**編集したい対象を特定**し、それに**対応する音源のパラメーターを操作**する〟この流れが音源の編集には重要だ。

音源には実に多くのパラメーターが用意されているが、これさえ知っておけば3つの要素をもとに編集が可能という8つのパラメーターを厳選して、もっとも一般的な音源の構成図とともに紹介しよう。

カットオフフリケンシー

本章の冒頭でも解説した倍音の含まれ具合を調整するパラメーターだ。一般的にはつまみを上げると倍音が多くなって明るくなり、下げれば倍音が少なくなって音は柔らかくなる。

ディケイタイム（2種類）

ディケイタイムは2種類。倍音の含まれ具合を調整するセクションのなかにあるディケイタイムは、時間経過に伴って倍音を減らす速さを調整するパラメーターだ。つまみを上げるにしたがって倍音はゆっくり減るようになる。**オーディオファイル40**の2番めGの音のような、シンセサイザー独特の音作りをする際、次のサスティンレベルとともに調整する。

音量セクションのなかにあるディケイタイムは、時間経過に伴って音量が下がる速さを調整するパラメーター。

サスティンレベル（2種類）

サスティンレベルも2種類ある。倍音の含まれ具合を調整するセクションのなかにあるサスティンレベルは、時間経過に伴って倍音を減らしてゆく場合、最終的にどのくらい減らすかを調整するパラメーターだ。つまみを下げるに従って倍音が多く減るようになる。カットオフフリケンシーの値とも密接な関係があるので、これらをトータルで調整する必要がある。

音量セクションのなかにあるサスティンレベルは、最終的にどのくらい音量を下げるかを調整するパラメーターだ。

アタックタイム

つまみを一番下げれば打楽器のように急激に音が大きくなる。**オーディオファイル38**の最初の3つA～Cはこのつまみが下がっている。つまみを上げると、4番めDの音のように鳴りはじめがゆるやかになる。

リリースタイム

余韻の長さをコントロールするパラメーターだ。**オーディオファイル㊳**の2番めBの音がつまみを下げたときの音、3番めCの音がつまみを少し上げたときの音だ。

レイヤー

複数の音を重ねて音を作る際に必要となる。たとえばレイヤー1で打撃音を作り、レイヤー2でベースの音を作れば、アタック感が強い音の鳴りはじめが特徴的なベース音ができあがる。あるいは、レイヤー1でボイスの音を作り、レイヤー2でエレクトリック・ピアノの音を作れば、ボイスとエレクトリック・ピアノが混ざった音を作ることもできる。170ページの問題3では、このレイヤーを使って音作りをしている。レイヤーは厳密にいえばパラメーターとは呼ばないが、音作りの重要な考え方なので加えることにした。

いくつかの音源でこれら8つのパラメーターを確認しよう。

【注意】たとえば、カットオフフリケンシー（Cutoff Frequency）の場合「Cutoff」や「Freq.」など、名称は統一されていない。詳しくはそれぞれのマニュアルを見よう。

▼レイヤー

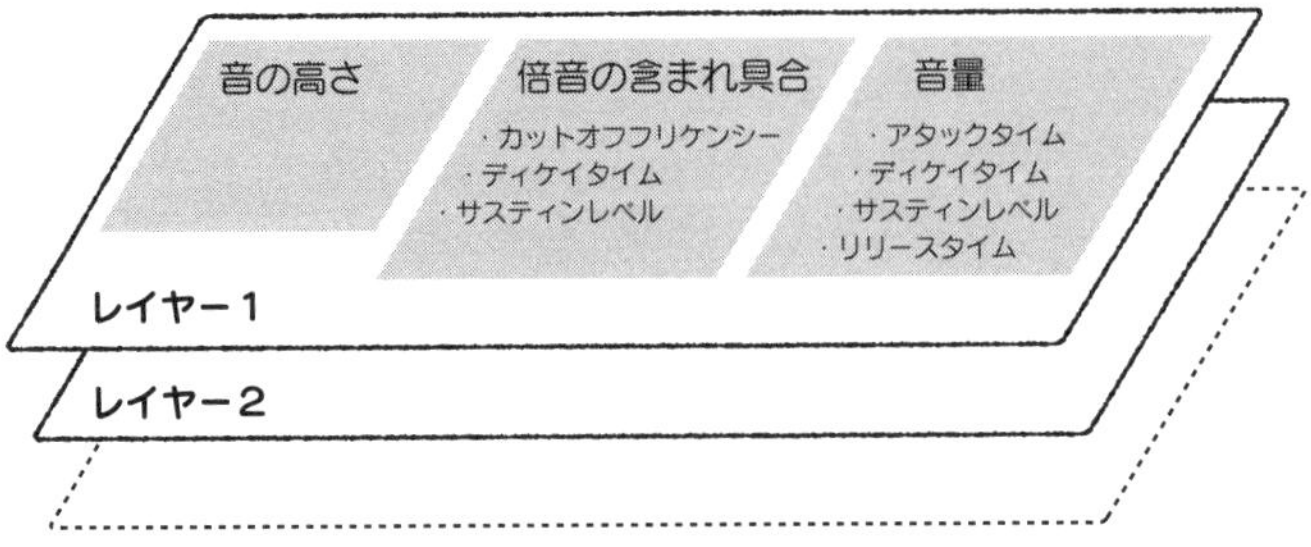

▼Arturia 社製　Prophet V

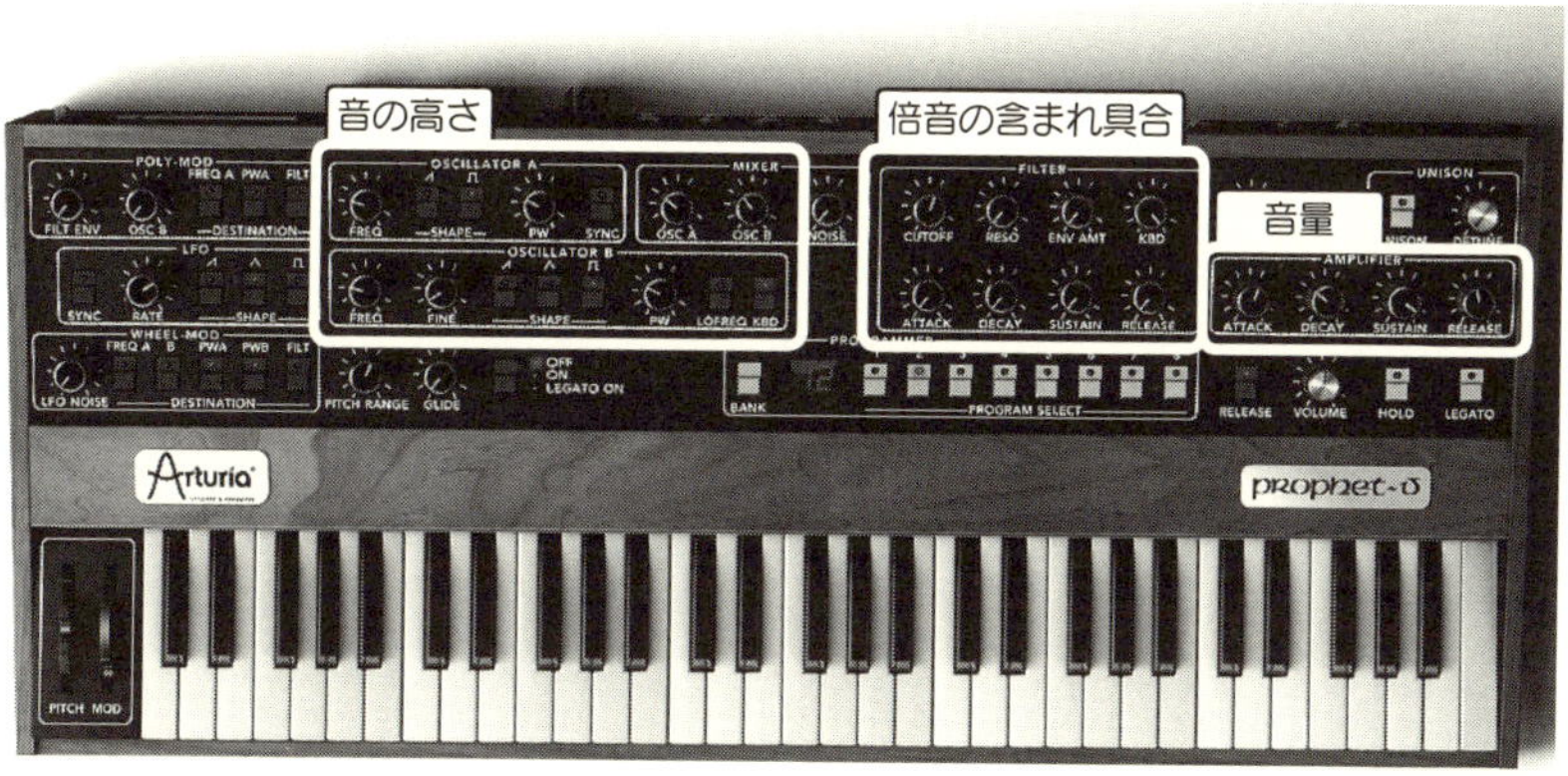

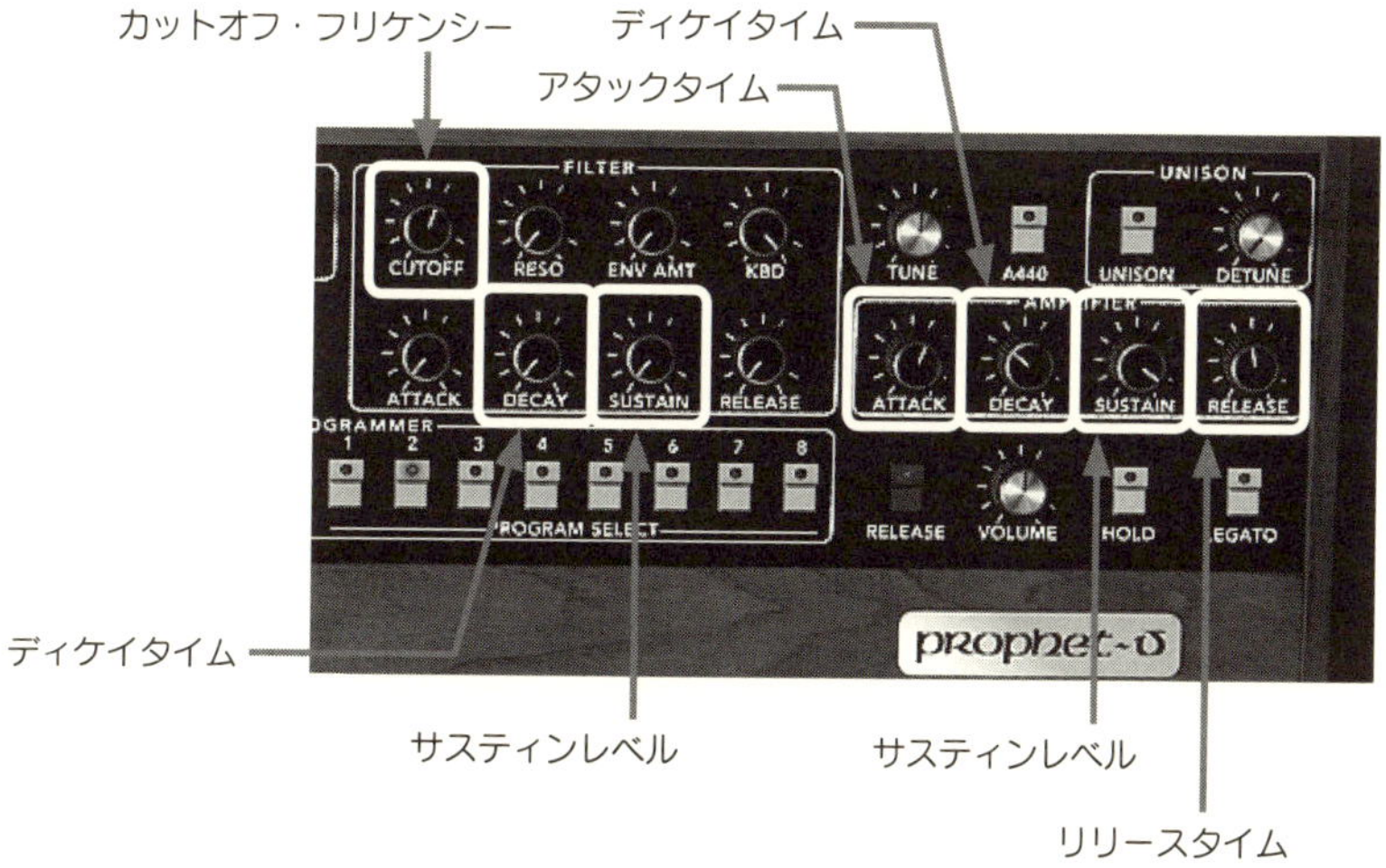

▼Arturia 社製　Mini V

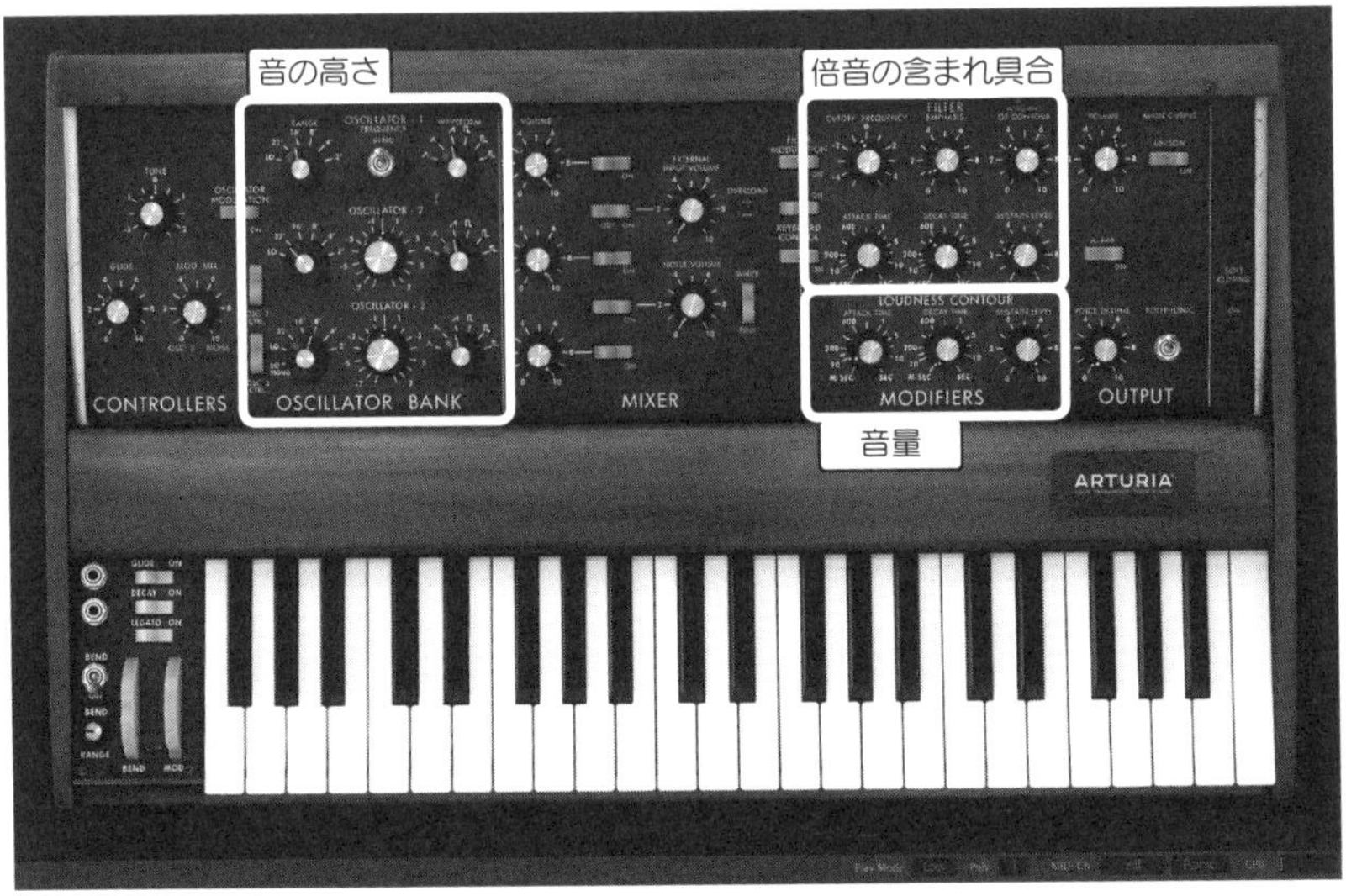

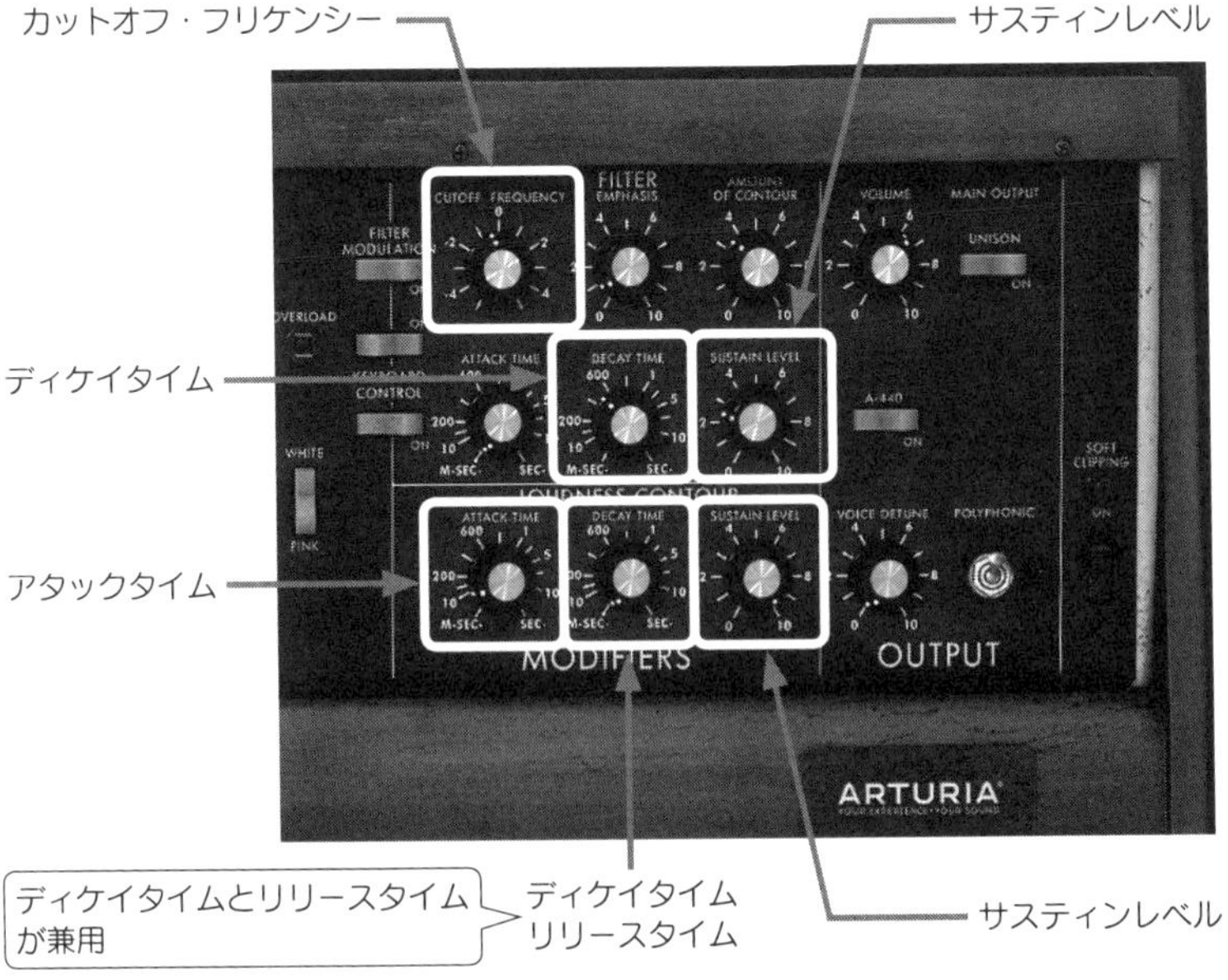

▼IK Muiltimedia 社製　SampleTank

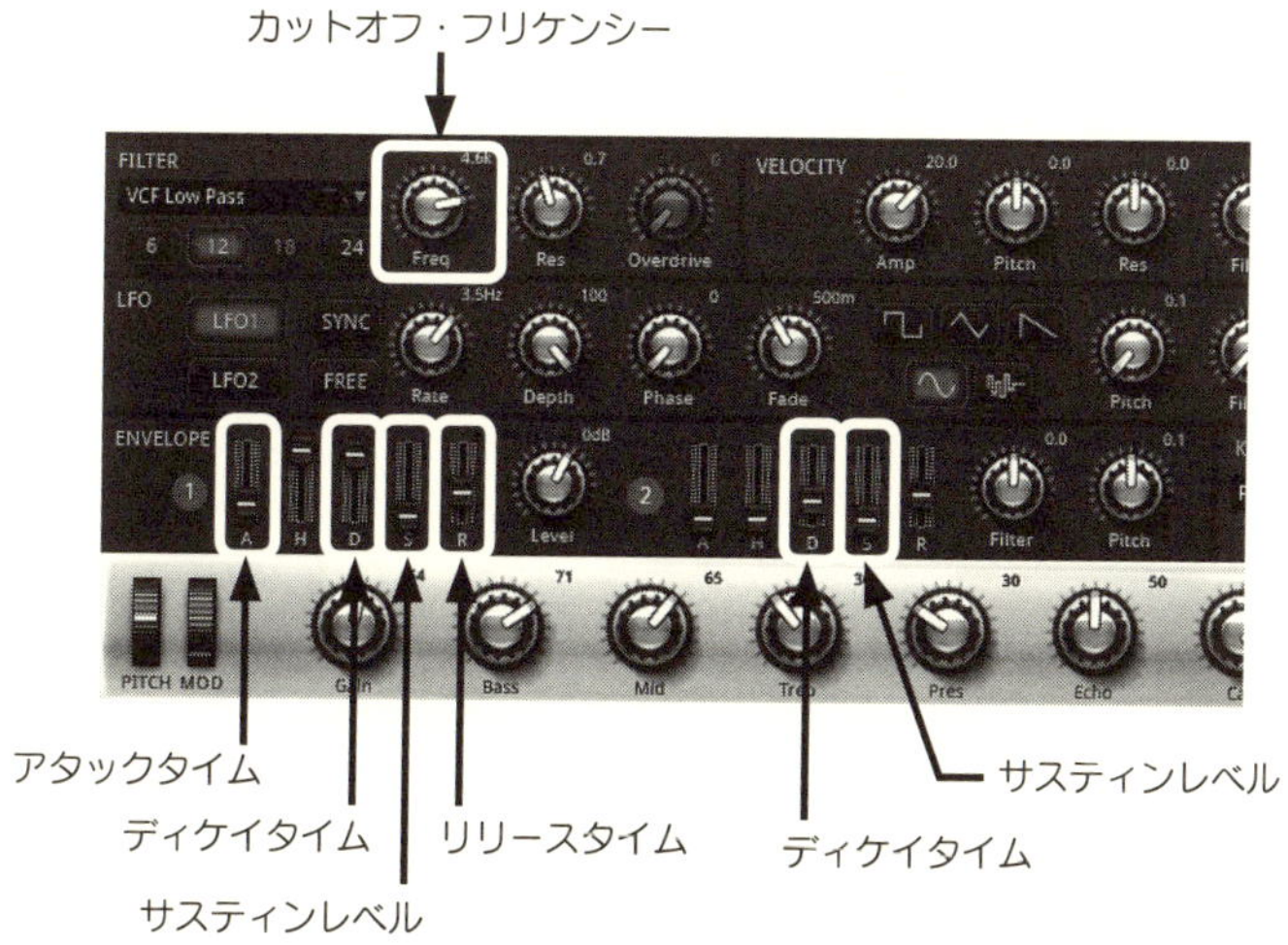

▼SPECTRASONICS 社製　OMNISPHERE

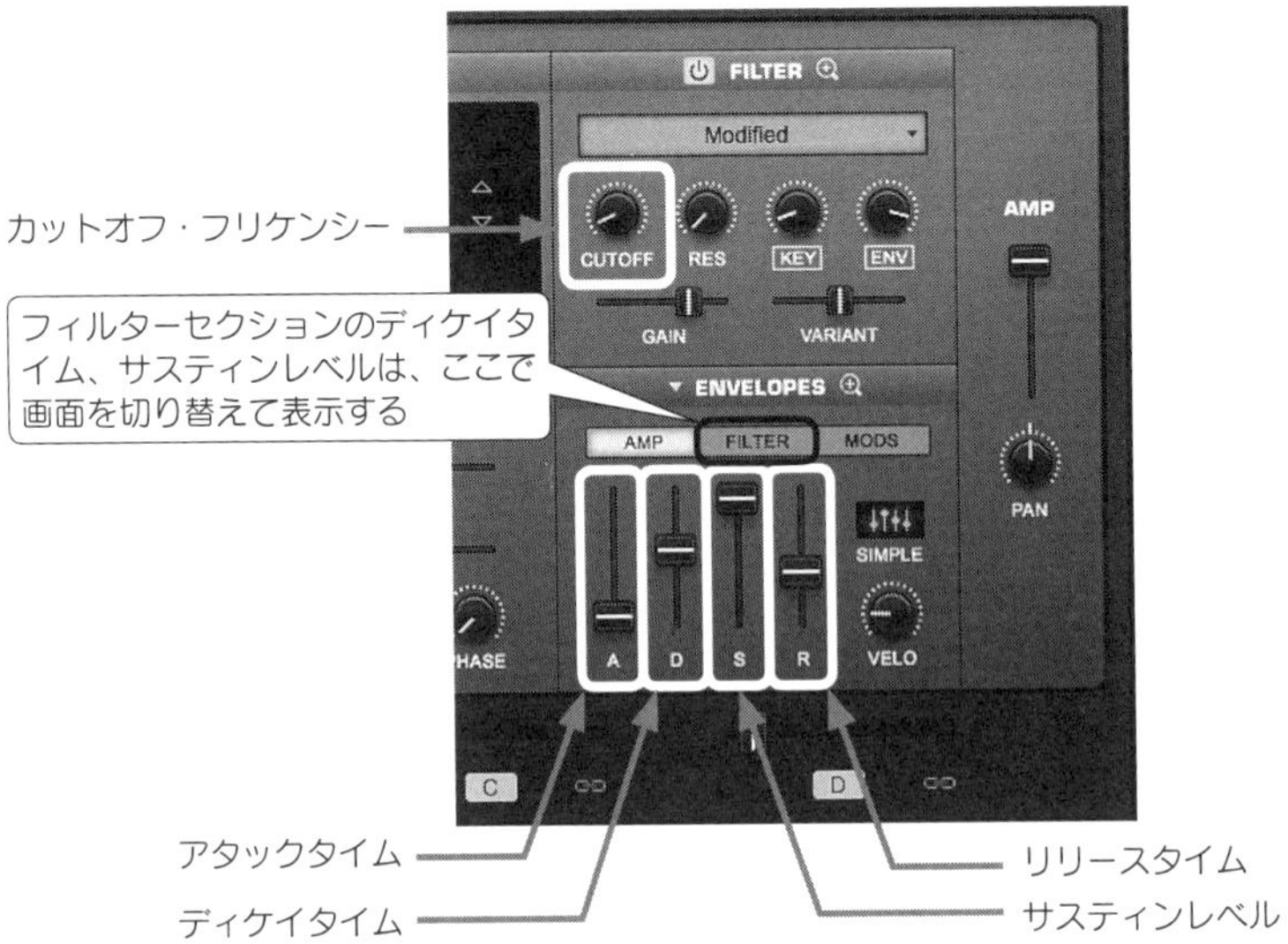

このOMNISPHEREでは、スイッチのON／OFFによって4つ（Ⓐ、Ⓑ、Ⓒ、Ⓓ）までレイヤーを重ねることができる。

▼OMNISPHEREのレイヤー機能

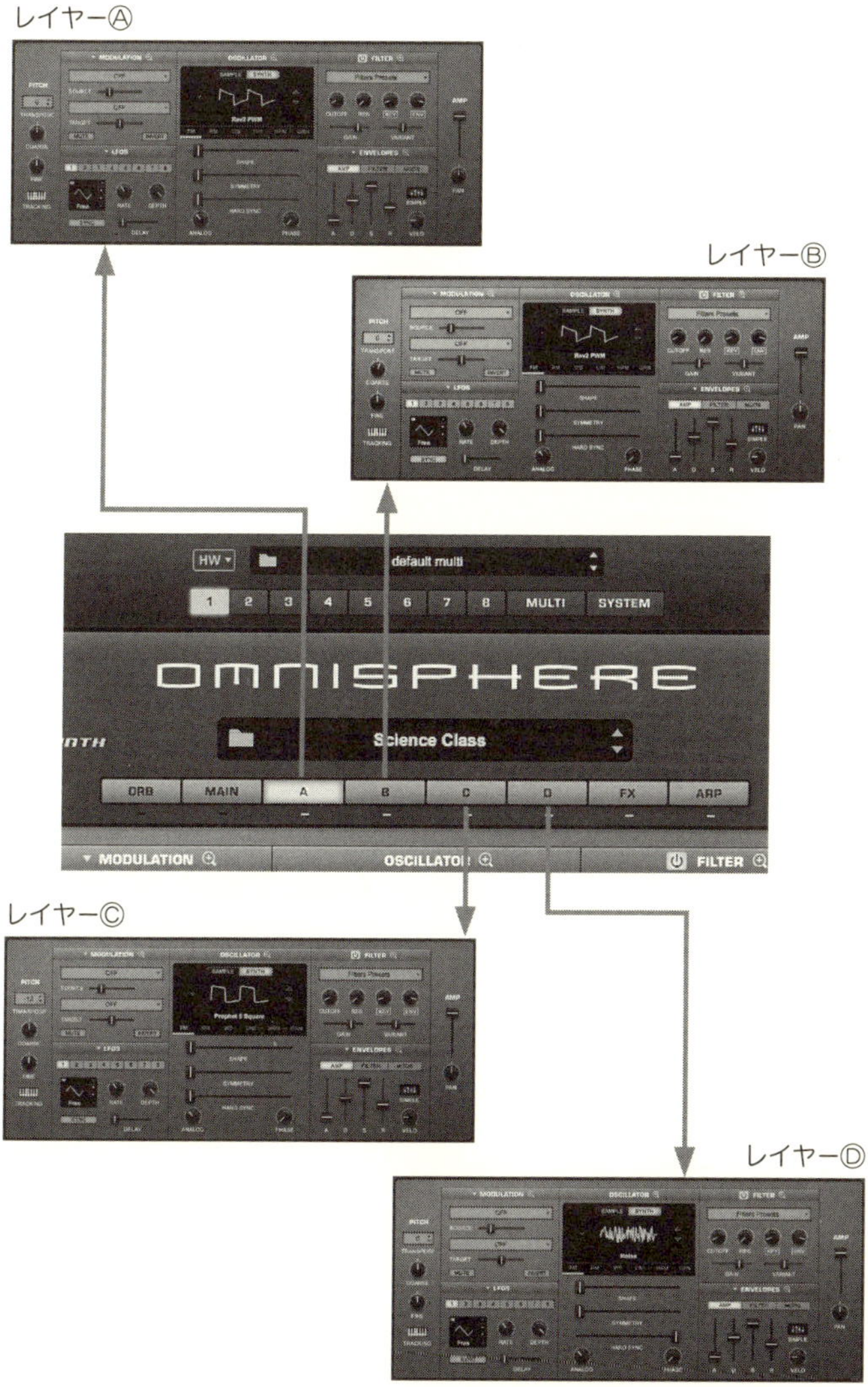

たとえば178ページのMini Vなどのようにレイヤーとしての機能がない音源でも、複数の音源を同時に立ち上げれば、レイヤーと同じことができる

音源のなかからこれら8つのパラメーターを探して調整するだけで、かなりの要求に応えてくれるはずだ。

また、この4種類の音源のパネル構成を見ると「音の高さ」→「倍音の含まれ具合」→「音量」の3つのセクションが左上から右下に向けて並んでいる傾向があるように見て取れる。ほかの音源でもおよそこのような並び方をしているので、慣れてくるとマニュアルを見なくてもある程度、操作できるようになる。

▼音源の操作パネル

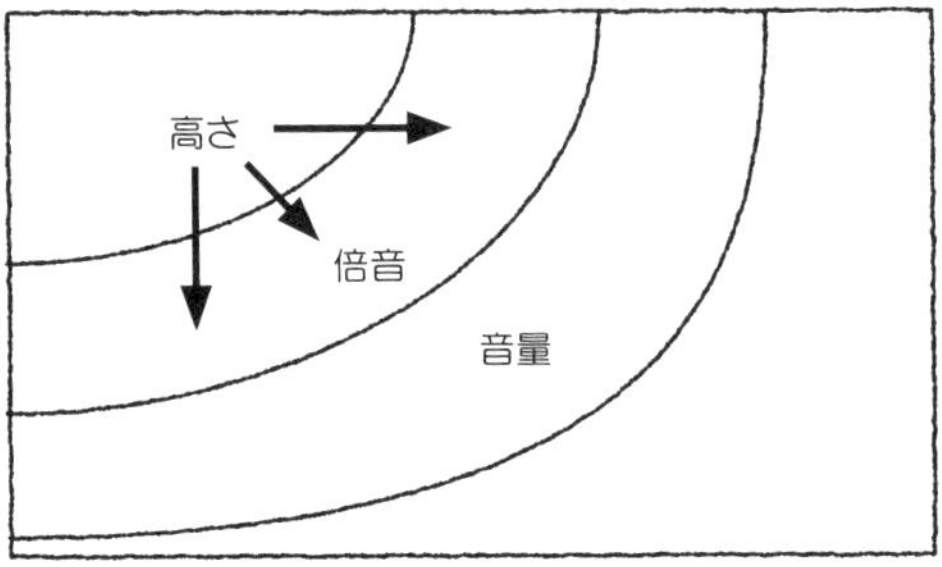

本項目をまとめると次のようになる。

①編集したい音を〝鳴りはじめの音 **要素1**〟、〝そのあとの音 **要素2**〟、〝時間経過に伴う変化 **要素3**〟の3つに分けて分析する。
②レイヤーも視野に入れながら編集したい部分を特定する。
③該当するパラメーターを調整する。

音の調整に慣れてきたら、ここで解説した8つのパラメーター以外の機能も順次覚えてゆくといい。その際、何か1つ音源を決めて、3つの要素のうちのどれに関わっているかを考えながら、その音源にあるすべてのつまみをマスターしてその音源を使い倒す方法がおススメだ。1つの音源をしっかりマスターすれば、それを土台としてほかの音源も使えるようになる。パラメーターが極端に少ない音源では土台の役目は果たさないが、本書で紹介した音源くらいの数のつまみがあればいいだろう。

ミキシングのコツ

1つひとつのパートは良い音が出せるようになっても、いざミックスをしようとするとうまくいかない、ということがある。

そういうときは、ズバリ！　下図のような方眼をイメージして、

〝同じマスのなかに2つ以上の音を入れないようにミキシングする〟

これを実践すれば、ミキシングはうまくいく。

この図の見方を説明しよう。

横軸は左右の広がりを表現している。たとえばボー

▼ミキシングでは方眼をイメージしよう

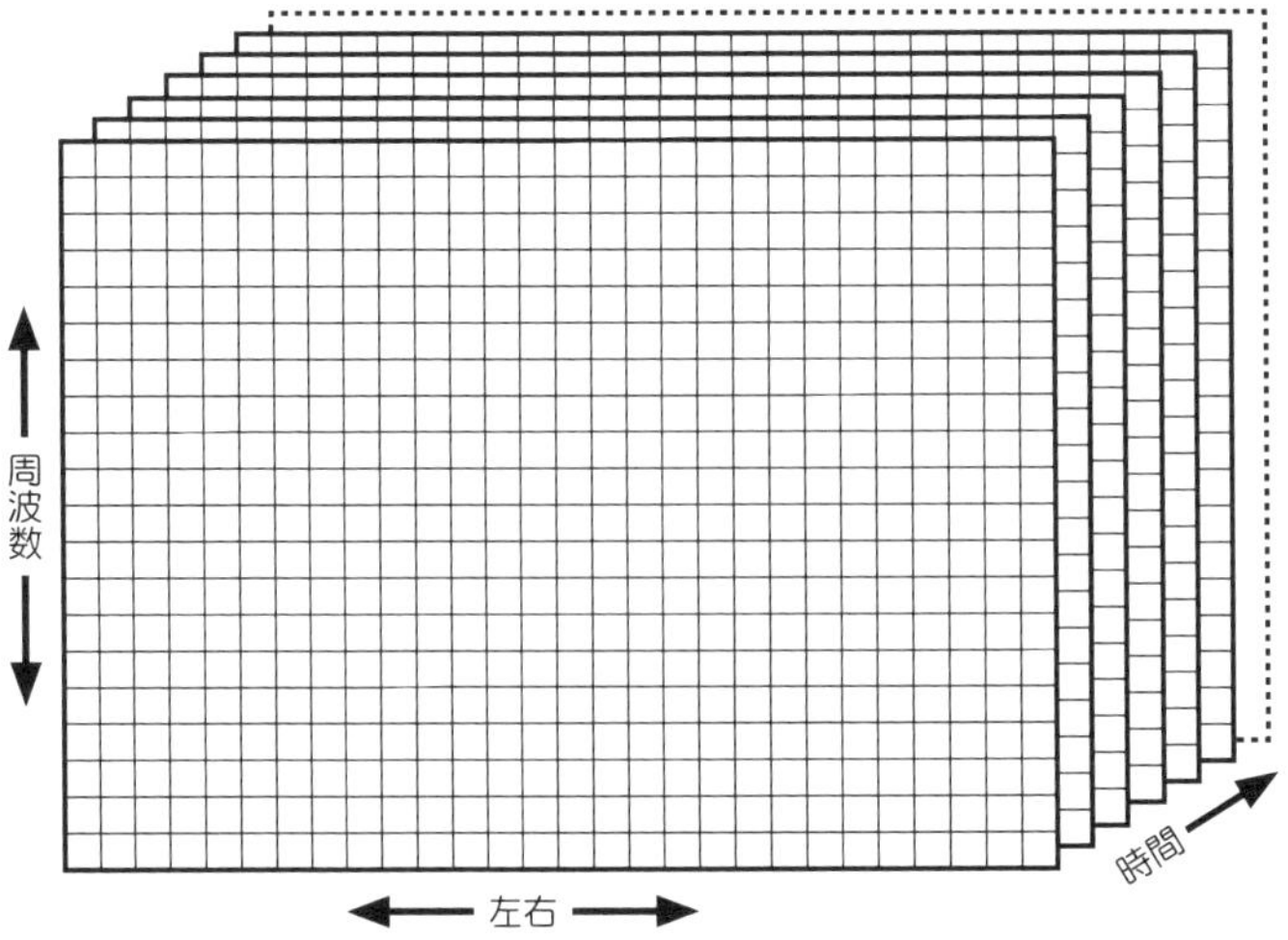

カルとベースは真んなか、キーボードは左右に広げ、ドラムは楽器ごとに適宜左右に分散、アコースティックギターは左に、エレキギターは右……、というようにマス目を意識しながら楽器を配置してゆく。その際、楽器の周波数帯域（縦軸）も考慮に入れる。

【注意】次図は一例であり、このように配置しなければならないのではない。

▼楽器分布の例　その1

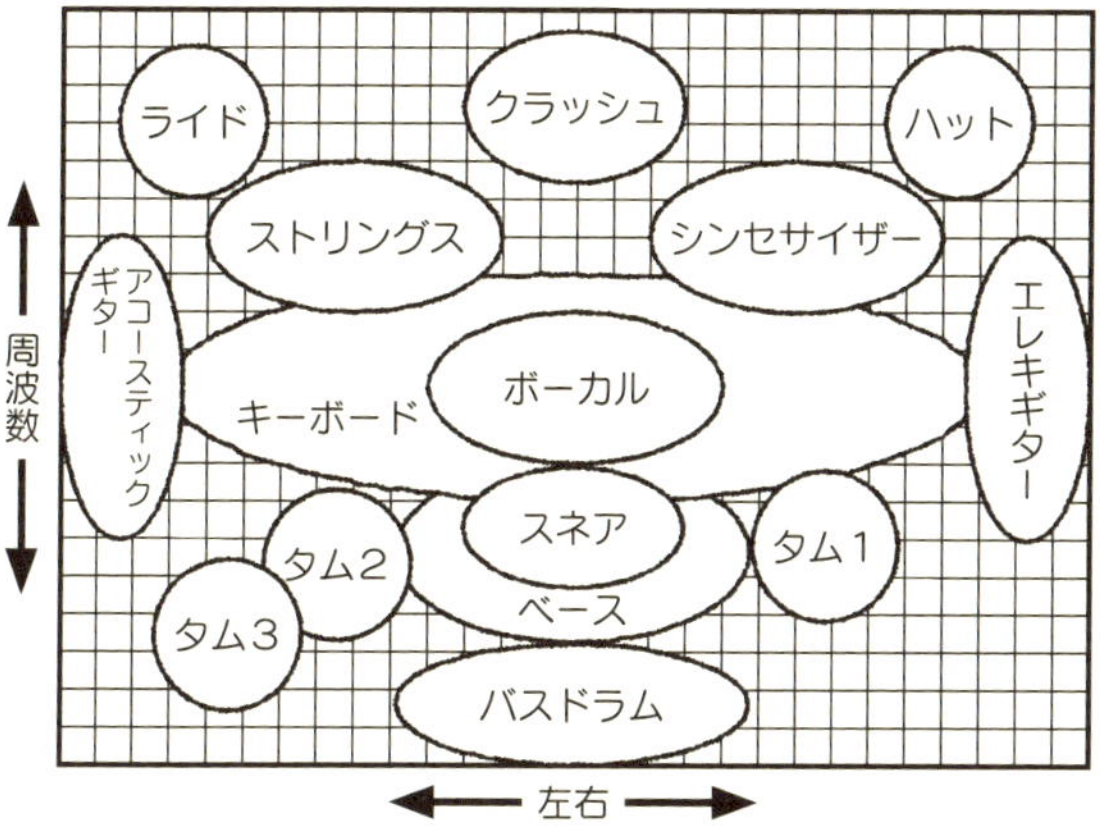

▼楽器分布の例　その2

たとえばアコースティックギターを１本増やして、次のように配置してもいい

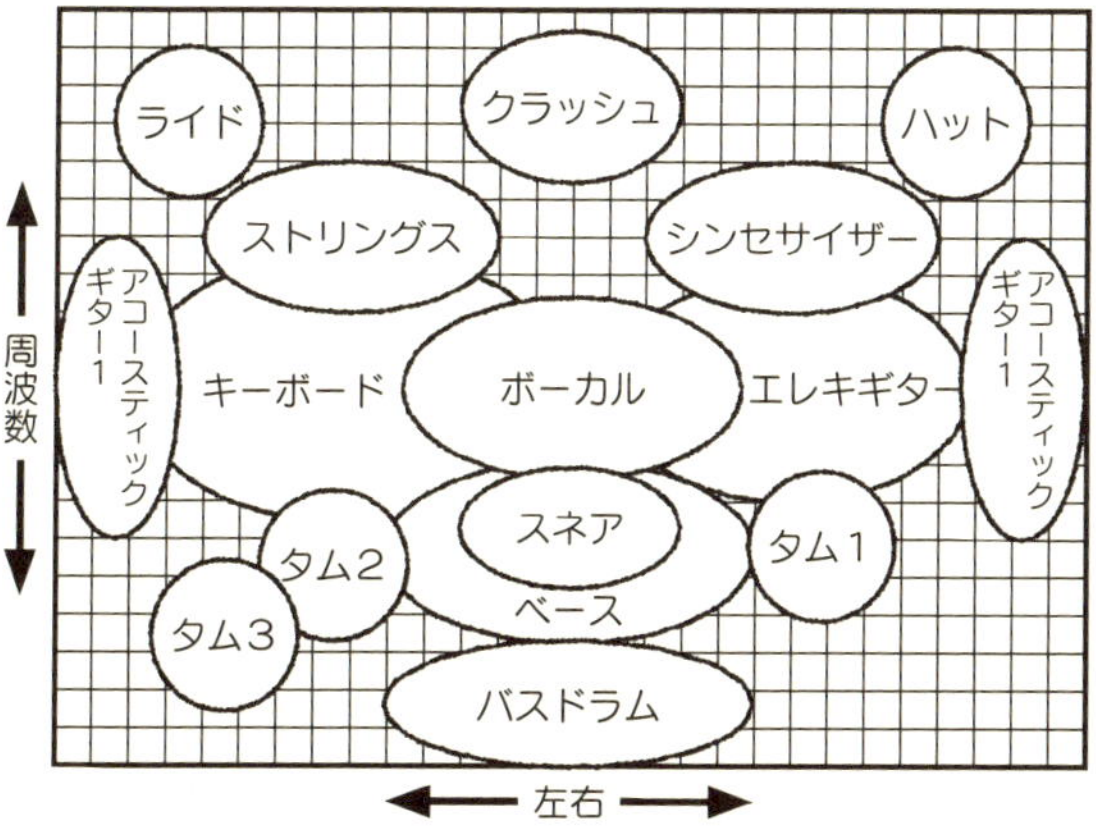

このように楽器が重ならないように配慮しながら配置してゆく。

ただし実際の音には、高さ、左右ともに広がりがあるので、マスにきっちり収まるわけではなく、近くにある音と多少の重なりは生じる。図のような重なりを生じないようにイメージするといいだろう。

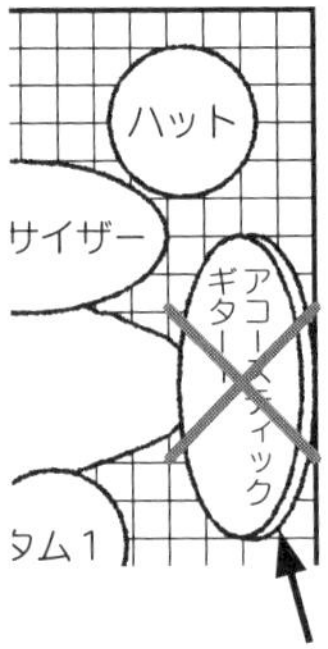

次に、方眼の奥行きは〝時間〟を表している。
たとえばボーカルのメロディの間に、少しの休符があるとする。その時間は、次図のように、中央に空きスペースができることになる。
ということは、この空きスペースに何らかのパートを入れることができる。ベースがこの帯域でフレーズを弾いてもいいし、キーボードが目立つフレーズを弾いてもいい。また、新たな楽器を入れてもいいだろう。うまくアレンジされた曲であれば、そういった場所ではいずれかの楽器がメロディの代わりとなるような演奏をしているので、それを素直に聞こえるようにミキシングすればいい。これは、第2章で各パートがひと続きになって聞こえるアレンジに（93ページ）通じる。

▼メロディが休符のときは中央に空きスペースができる

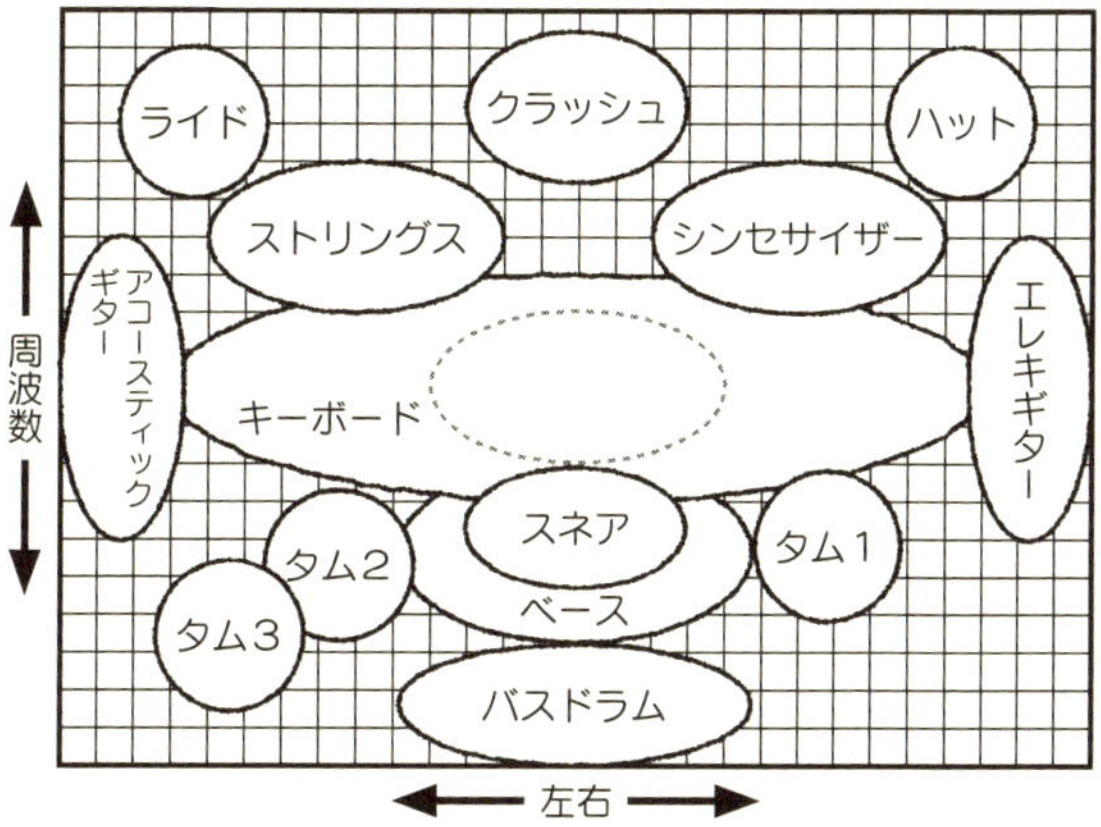

このように、楽器を〝左右〟、〝周波数帯域〟、〝時間〟の３つの軸で考えて配置するとミキシングはうまくいく。

ではこの３つの軸それぞれについてもう少し詳しく見ていこう。

パン（左右）

前項で説明した方眼ではマスが細かく刻まれているが、まずは、中央を除いて左右それぞれ2～3くらいに分けて考えるところからはじめる。

▼左右をそれぞれ2つに分けた場合

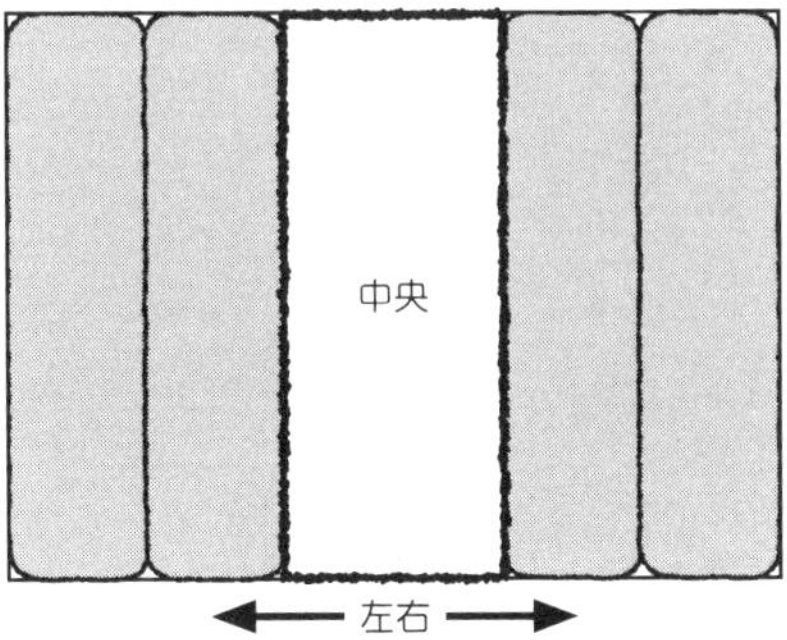

▼左右をそれぞれ3つに分けた場合

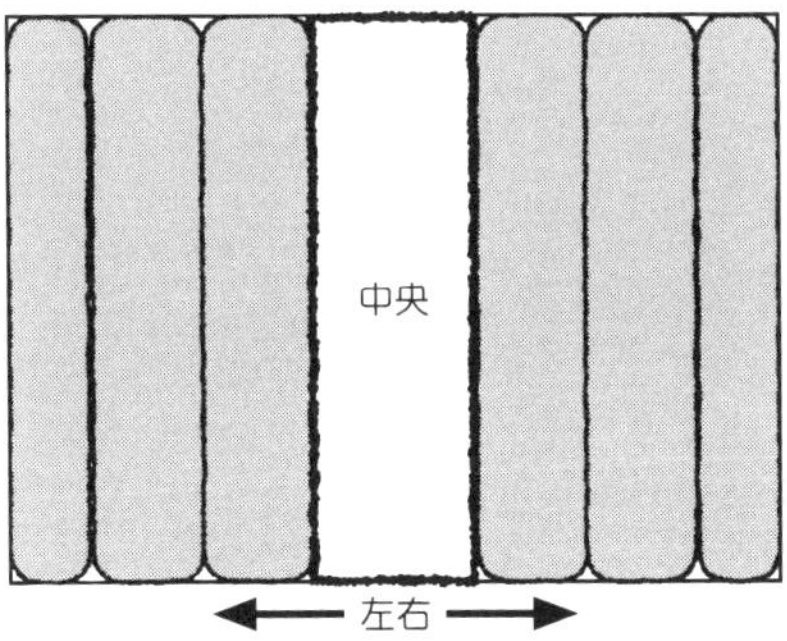

実際にミキシングをしてゆくと、左右2つずつ、あるいは3つずつでは収まりきらない楽器が出て

くる。そういうところはさらに細かいマスにして楽器を配置しよう。ほんの少し、パンのつまみを調整するだけで、それぞれの楽器音の分離が良くなって、音がクリアに聞こえるようになることも多い。

　パンの位置を決めるにあたって意識しなければならないのは、音域的、かつ音楽的に左右対称にするということだ。アレンジにもよるが、たとえばシンバルが2枚あるアレンジではそれらを片側に寄せるのではなく左右に広げたほうがいいし、アコースティック・ギターのカッティングとハイハットの刻みは音域的にも音楽的にも似ているので、これらも片側に寄せないようにする。こういった一種の平衡感覚がパンの設定時には重要となる。その際、音量の調整も重要であることはもちろんだ。

▼平衡が取れている

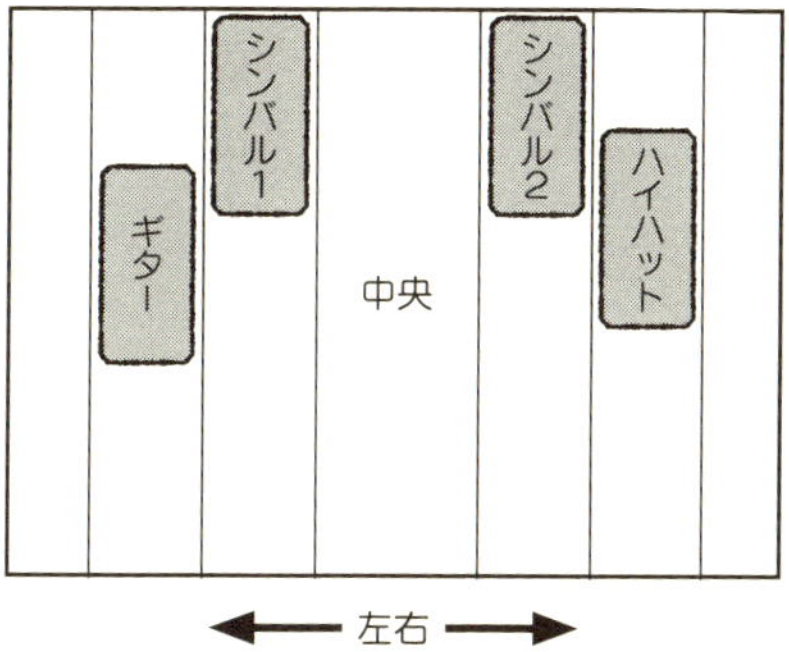

▼左右のバランスが悪い

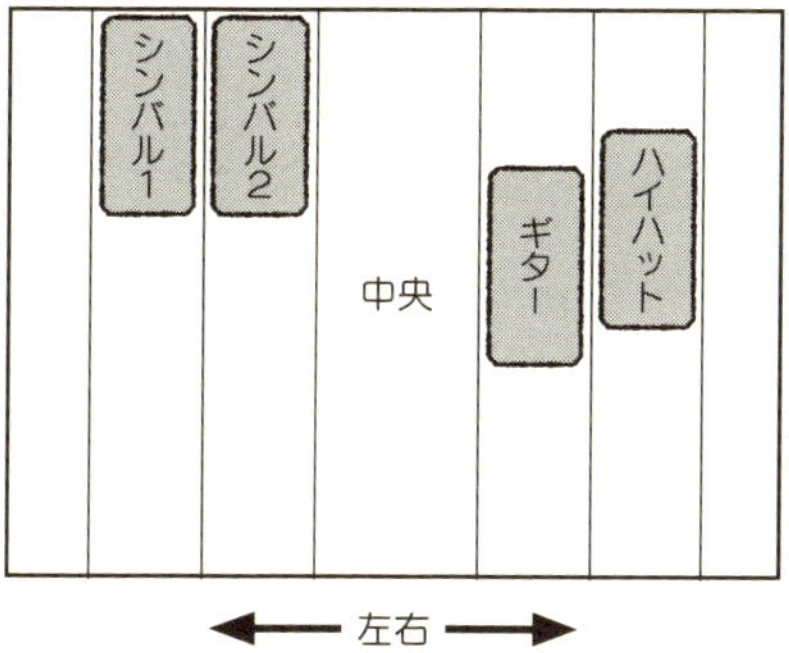

周波数帯域

多くの楽器は、185ページの図で示したような狭い周波数範囲だけで鳴っているのではない。たとえば高音の〝チチッ〟という音が印象的なハイハットでも、実際には次のように低音から高音まで広い範囲にわたる音を含んでいる。

▼ハイハットの印象的な高音

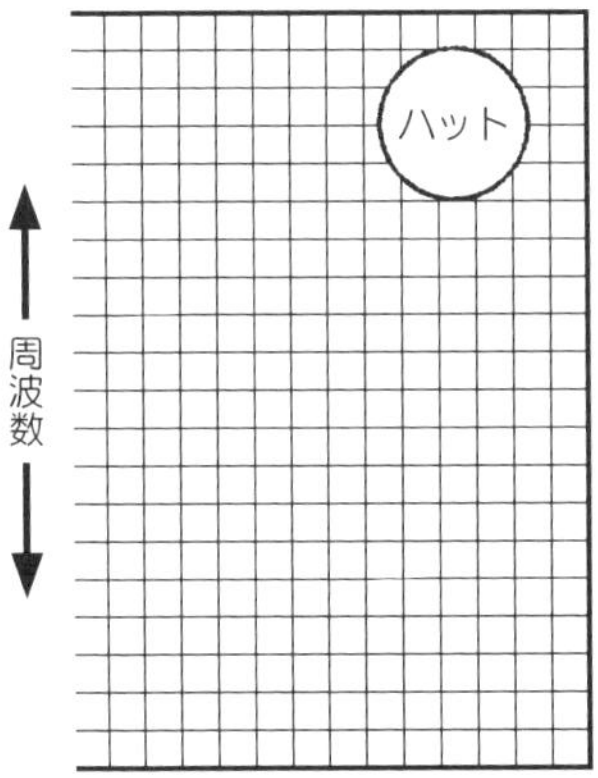

▼実際に含まれる音の成分

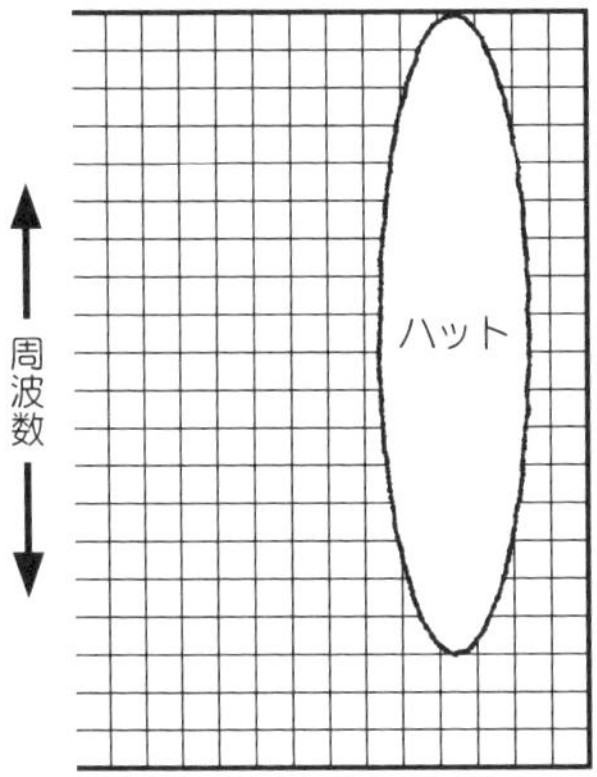

リアルな音を求めれば何もしないのが一番良いのだが、このままでは低域〜中域の音がほかの楽器とかぶってしまう。つまり、同じマスに音が重なってしまうことになる。そうすると、低域〜中域で

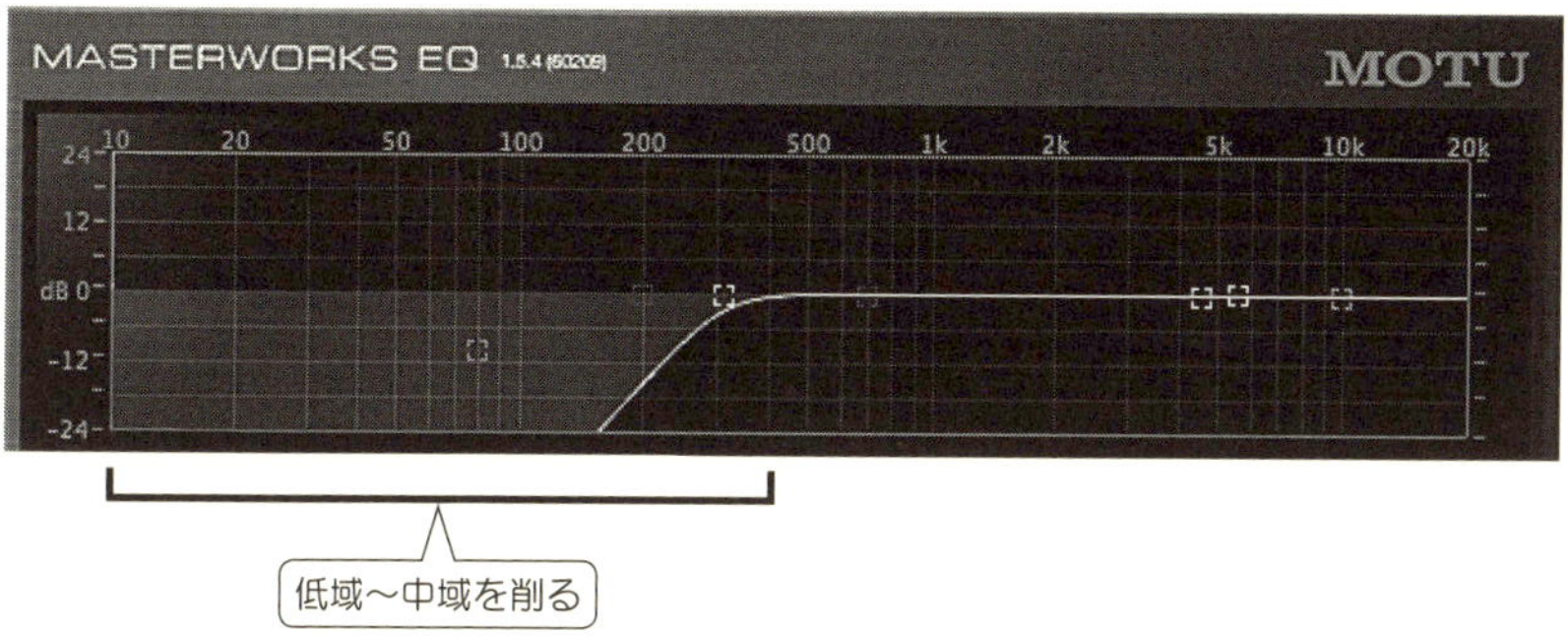

鳴らしたい楽器があっても、ハイハットの同じ帯域の音が邪魔をしてしまう、ということになるのだ。

そこで活躍するのがイコライザーだ。

ハイハットの低域～中域の音は、よくいえば〝空気感を含んだ音〟といえなくもないが、雑味の部分でもあり、ハイハットの特徴的な音ではない。そこで、この低域～中域をイコライザーで削ると（上図参照）、右ページの図で示した高い位置にハイハットを配置して、削った帯域をほかの楽器のために空けることができる。

どのあたりをどのくらい削るかは、実際に音をよく聴きながら調整しよう。図のなかの削る位置を覚えるのはＮＧだ。

このように、その楽器の特徴に寄与していない帯域、いうなれば不要な帯域をイコライザーでカットして、カットした帯域はほかの楽器に任せる。こうすることで、それぞれの楽器の音を分離し、クリアに聞こえるようにする。これが、ミキシングでのイコライザーの主要な役割だ。

パート数の多い曲では、こうすることで得られる効果がより大きくなる。

またたとえば、帯域の近いバスドラムとベースでは、**図**Ⓐのように、お互いの帯域がかぶってしまっている。こういう場合にはベースのバスドラム寄りの帯域と、バスドラムのベース寄りの帯域をそれぞれイコライザーで削って、**図**Ⓑのように棲み分けることがまず考えられる。

図Ⓐ

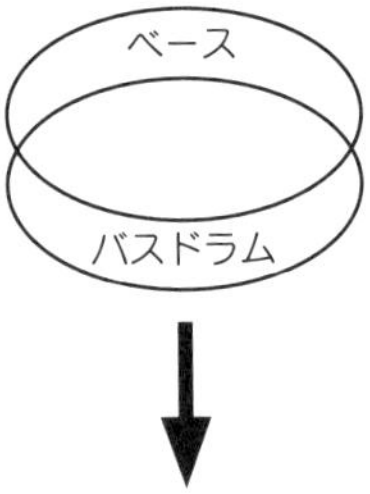

図Ⓑ

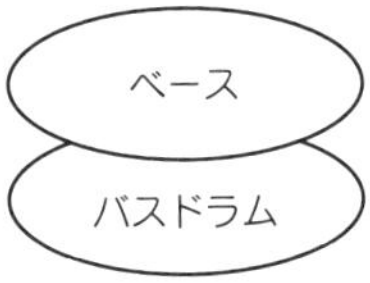

もう1つの方法は、バスドラムに含まれる低域すべてをイコライザーで大胆に削ってその帯域はベースに任せておいて、その代わりに148ページで取りあげたビーターがバスドラムの皮を叩いたときに出る高い帯域をイコライザーを使って強調する方法だ（次ページ図参照）。

このように、楽器の特徴的な帯域を強調するのも、イコライザーの重要な役割だ。

低い音が印象的なバスドラムだが、実は高いほうにも特徴的な音があると知らなければこのようなミキシングはできない。音の仕組みを分析できるスキルがあればこそ、の技だ。扱ったことのない新しい楽器をミキシングするときなどに発生する未知の問題にも、これらのスキルがあれば、とまどうことなく対応できる。

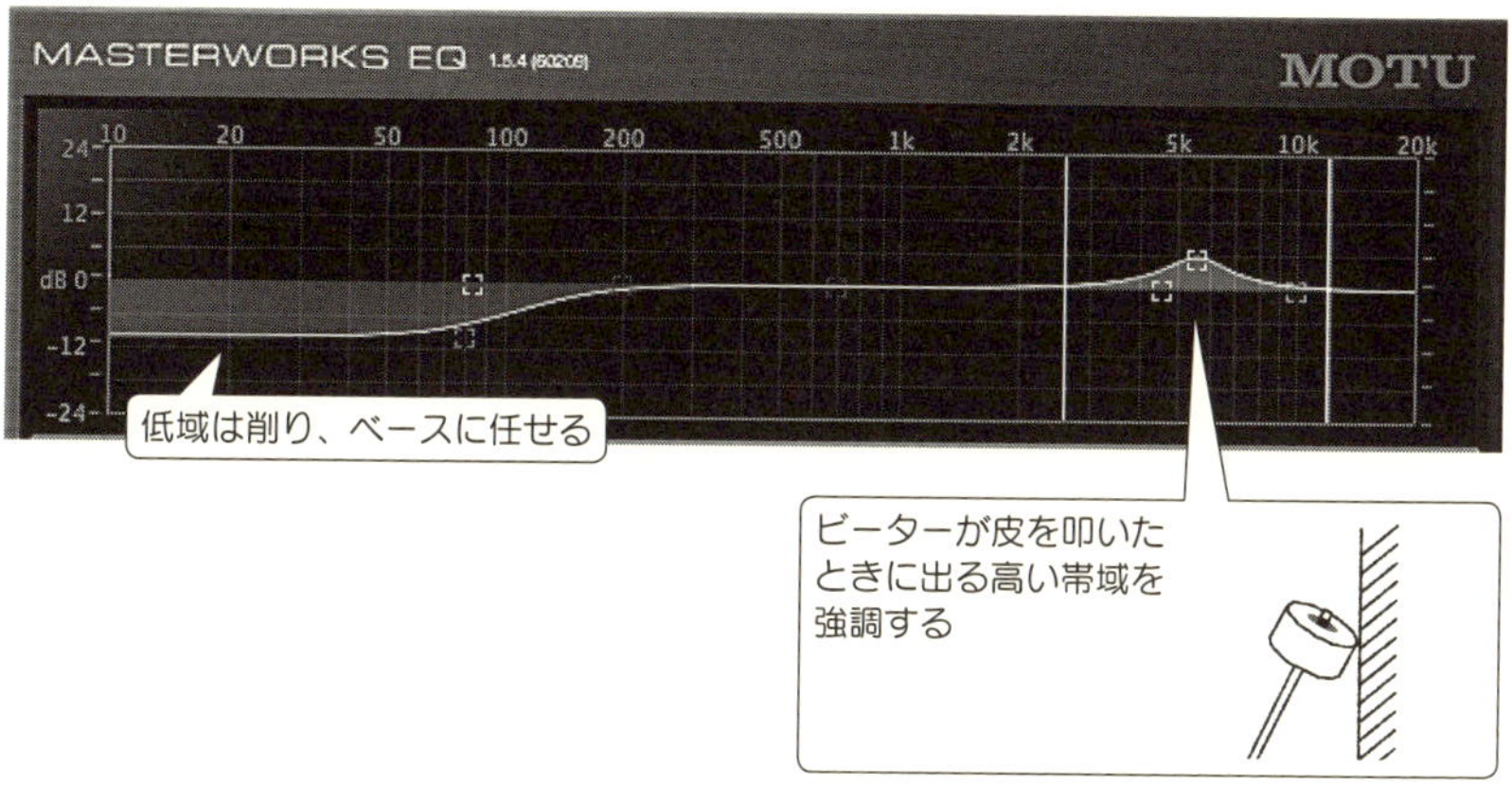

パンは最初、中央と左右3つずつの7つのエリアで考えたが、高さについては最初は、"低音域（バスドラム中心）"、"低音域（ベース中心）"、"中低音域（コード中心）"、"中高音域（メロディ中心）"、"高音域（シンバル系中心）" の5つのエリアに分けて考えて、慣れてきたら次第に細かく分けるようにすればいい。

時間

184ページで説明した方眼は、複数枚重なって描かれている。これは、〝時間〟を表している。

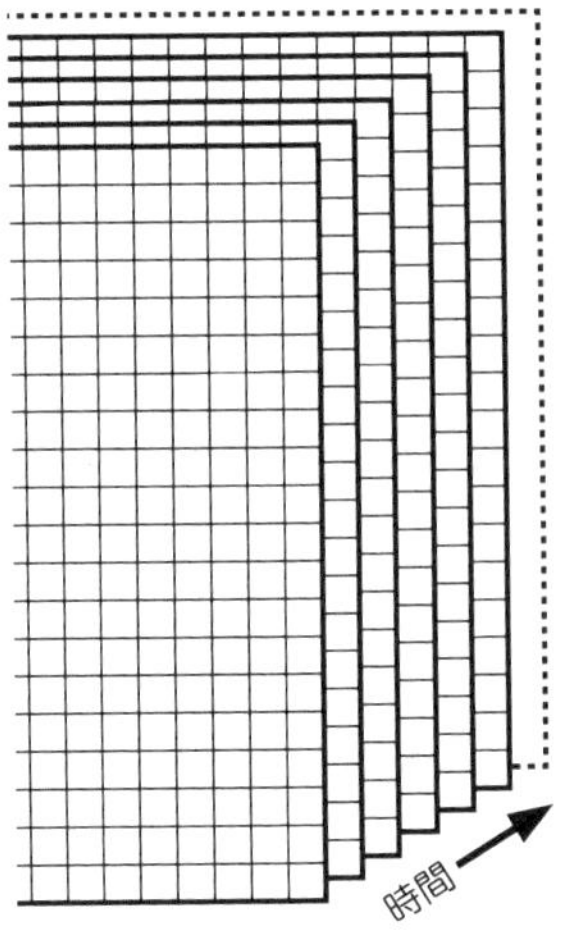

〝同じマスのなかに2つ以上の音を入れない〟として説明してきたが、左右の位置（パン）と上下の位置（周波数帯域）が同じであっても、1枚め、2枚め、それぞれの方眼で、違うマスとして考えることができる。つまり、1枚め、2枚め、と時間が経過するごとに、同じ位置のマスにも違う楽器を入れることができるのだ。

では、この方眼の1枚め、2枚め、3枚めというのは、曲のどこを指しているのだろうか。Aメロや Bメロ、Cメロということだろうか。

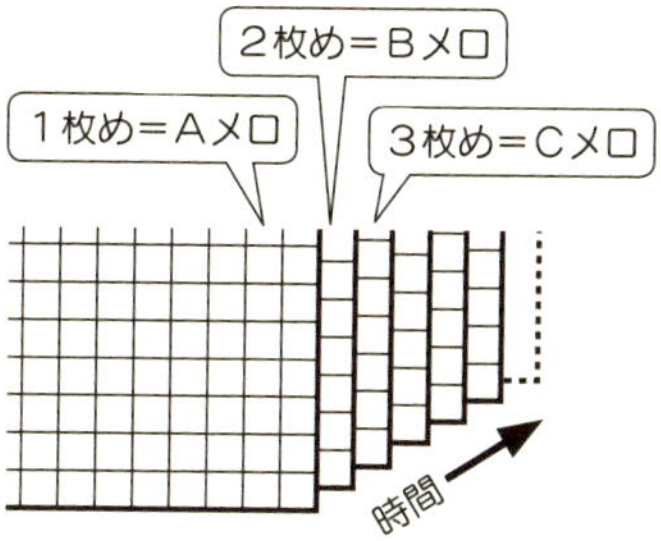

これも正解だ。

しかし正解はそれだけではない。

第2章「各パートをメロディのように考える」の項でいろいろなパートの音をつなぎあわせて聴くということについて書いたが、そのことと密接につながる。

たとえば、右図のように音符単位で考えてもいい。ドラムやパーカッションのリズムを作るときにこの方法を使うと、メロディを邪魔しないリズムを作ることができる。

さらにもっと短い単位も考えられる。

たとえば、ディストーションの効いたエレキギターのストロークとアコースティックギターのストロークを何らかの理由で左右に分けられず同じ側に設定しなければならない場合、アコースティックギターのピックが弦にあたる瞬間の音（**要素1** 鳴りはじめの音、数ミリ秒）をイコライザーで強調させるとミックスがうまくいく。これを方眼で考えるとこうなる。

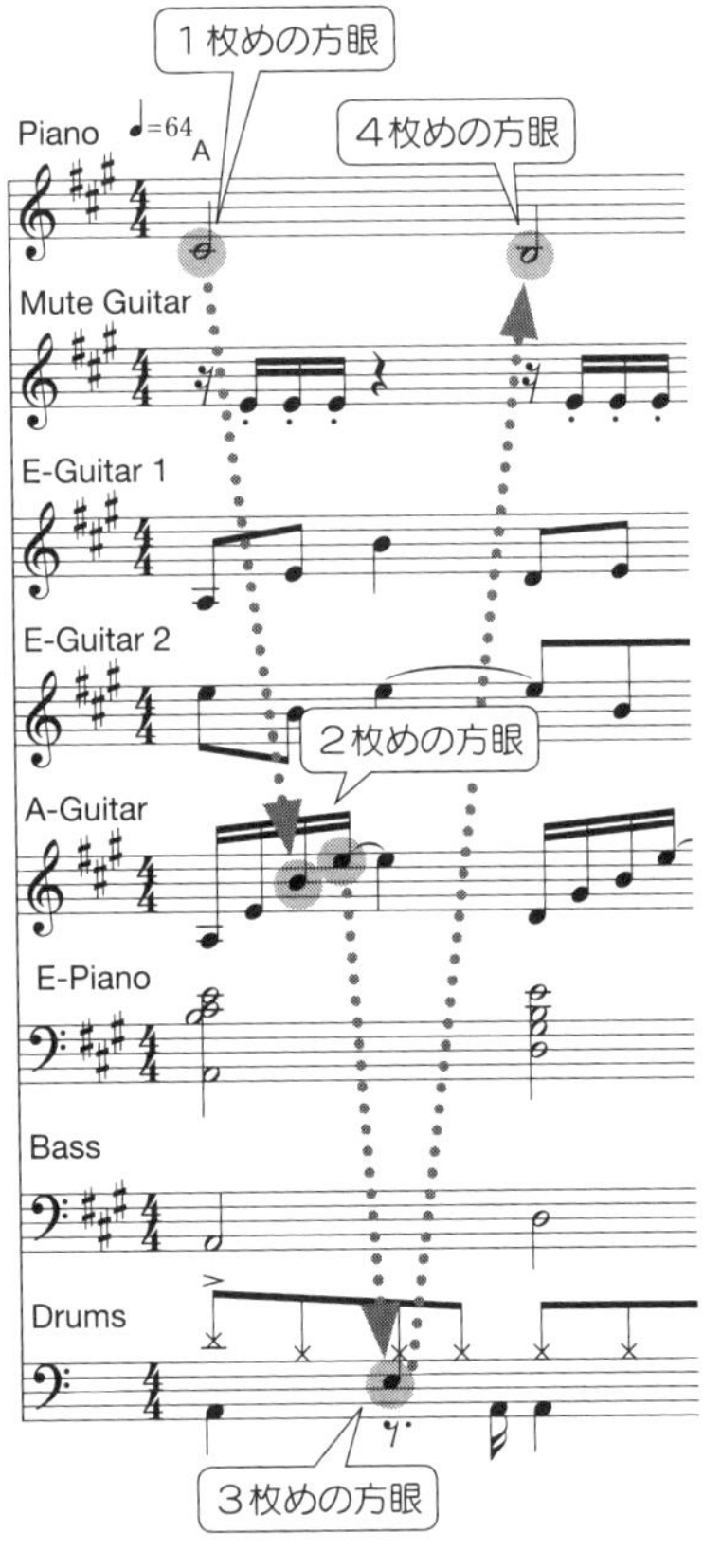

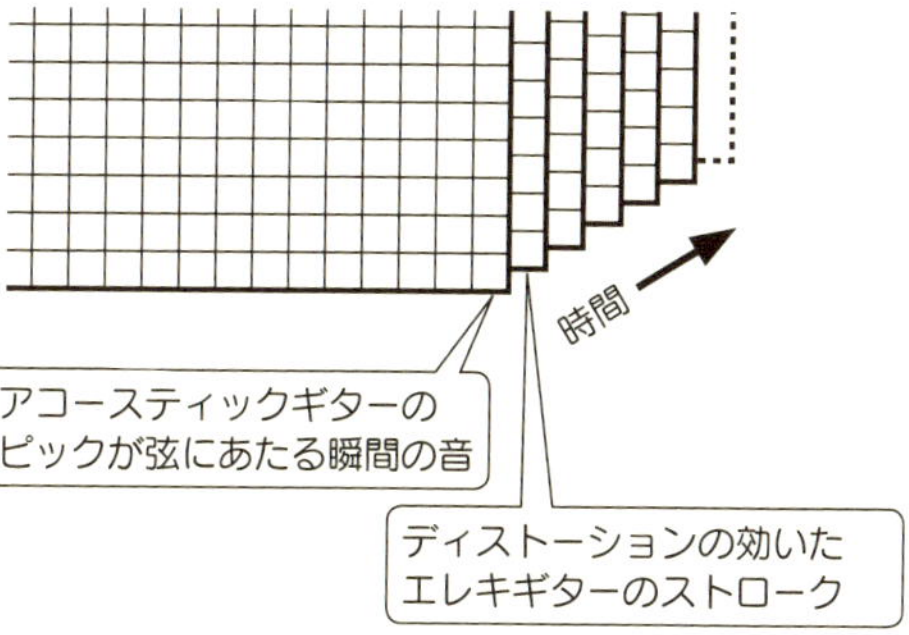

アコースティックギターのピックが弦にあたる音に比べて、ディストーションの効いたギターのストロークは音の立ち上がりが遅い。これはそのわずかな時間差を利用した方法だ。ここでも、音の仕組みの知識、考え方が役に立つ。

ただしこの組みあわせの場合、アコースティックギターのボディの響き（要素2そのあとの音）とエレキギターの音がかぶってしまうので、アコースティックギターのボディの響きをイコライザーで削る必要がある。

また、エフェクターのコンプレッサー（解説）を使って同じような効果を得ることもできる。

コンプレッサーは音量を抑えるエフェクターだ。コンプレッサーの重要なパラメーターの1つに〝アタックタイム〟がある。音圧を上げるためにはアタックタイムは最小値がベストとなる。しかしここをほんの少しゆるくすることで、音量を抑えるタイミングをずらし、アコースティックギターのボディの響きだけを抑え、それによって相対的にピックが弦にあたる瞬間の音を強調することが可能だ。

このようにミキシングは左右、帯域、時間の3つの軸で考えて音が重ならないようにすればうまくいく。ミキシングエンジニアの方々が考えているのはこの3つに絞られる。どんな機材のどんなつまみも、この3つの軸のなかに音をうまく埋めるためにあるといっても過言ではない。

解説 コンプレッサー

設定した値以上の音量を抑えることで、音量の差を少なくし、音圧を上げてくれるエフェクター。設定次第でさまざまな効果が得られる。詳しくは私が書いた「音を大きくする本」（株式会社スタイルノート）を読んでほしい。

▼DigitalPerformer に付属のコンプレッサーの画面

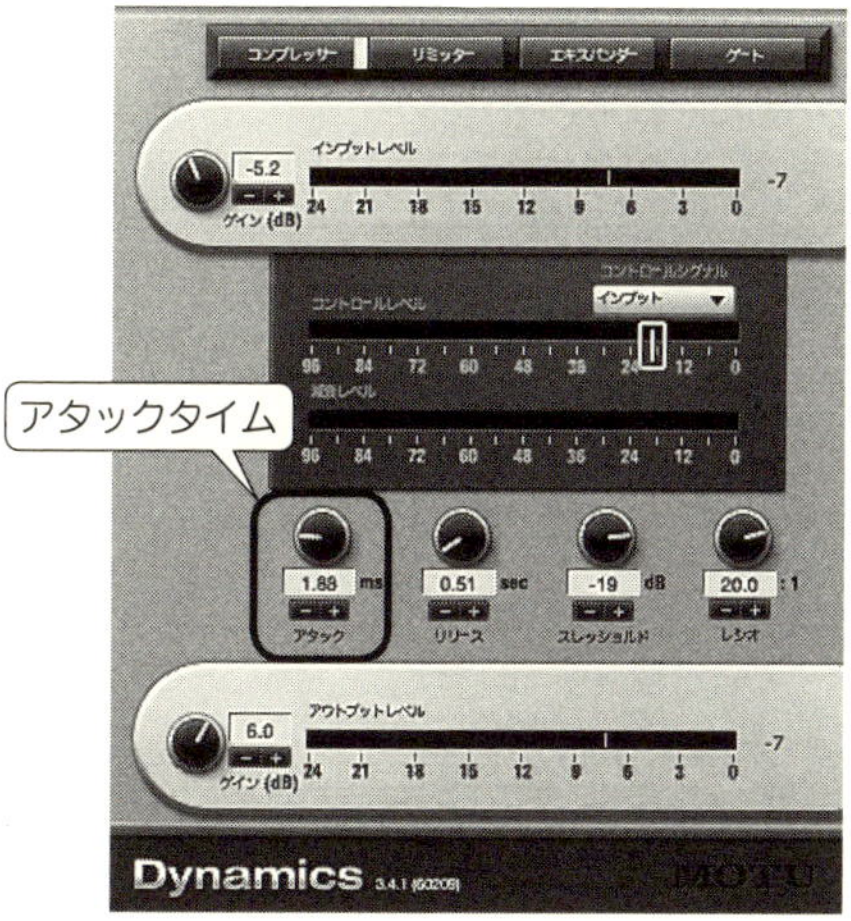

▼もとの音

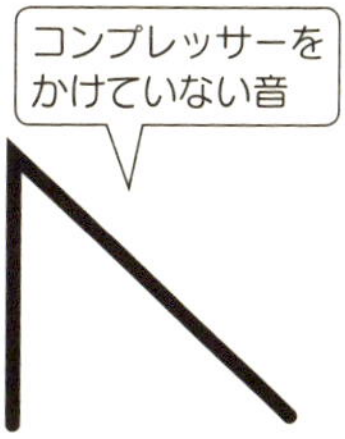

▼アタックタイムが「0」

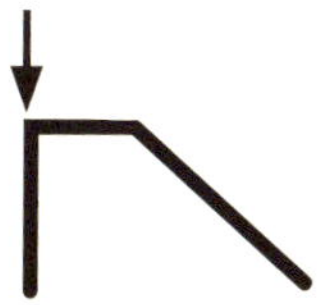

▼アタックタイムが少しゆるい場合

遠近感のあるミキシング

遠近感のあるミキシングをしたいという話をよく聞く。それには音が近くから聞こえるときと遠くから聞こえるときとでどんな違いがあるかを考え、それをシミュレートすればいい。

解説　リバーブ

壁などに繰り返し反射してから届く音。残響。またそれを合成するエフェクター。

楽器から直接耳に届く音と、リバーブ成分の1つである初期反射音との時間差も音の遠近感に影響するが、ここではリバーブとしてまとめている。詳しくはリバーブのマニュアルなどを読んでほしい。

誰かがピアノを弾いているとしよう。私たちは目をつぶっていても、その人が近いところにいるのか遠いところにいるのかがわかる。なぜそれがわかるのだろうか。ソフトを使ってシミュレートした擬似的な音ではあるが、次の2つのオーディオファイルで聴き比べてみよう。

聴いてみよう　47　[遠近感・1　近いところの音]

聴いてみよう　48　[遠近感・2　遠いところの音]

遠いところの音のほうが音量が小さくなっていることに加えて、解説**リバーブ**がかかっているのがわかるが、そのほかにも2つの違いがある。

1つは、遠いところの音のほうが倍音が少し減っている点だ。リバーブがかかっていると比べにくいが、なるべくリバーブの音を聞かずに、ピアノからの直接の音を聞くようにしてみると、ほんの少し柔らかくなっているのがわかると思う。

もう1つの違いは、遠いところの音のほうはアタック成分が減っている点だ。楽器を特徴づける**要素1**が聞こえにくくなっている。

このようにして、遠くからの音には、

・音量が小さい
・リバーブ成分が多くなる
・倍音が減る
・アタック成分が減る

という特徴がある。

ということは、たとえばある音を遠く聞かせたければ、リバーブをかける、コンプレッサーでアタック成分を減らす、イコライザーを使って倍音を減らせばいいわけだ。

その反対に近くから聞こえるようにしたければリバーブはかけず、アタックを強調し、イコライザーで明るい音にするなどの方法が考えられる。パンで音を左右に振り分けつつ、近い音と遠い音の両方を1つのミックスのなかで配置すれば、遠近感のあるミキシングとなる。

作りたい曲のイメージを明確にする

第1章の制作環境の充実からはじまって、第2章ではアレンジのコツ、第3章では音の仕組みをもとにシンセサイザーの音作りやミキシングのテクニックについて解説してきた。制作に必要な流れはひととおり網羅できたと思う。しかし、いずれの過程においても重要となるのが〝曲のイメージ〟だ。どんな曲を作るのかがハッキリしていなければ、アレンジも音作りもミキシングも、1つも前に進めることができない。

このことを、音色の選び方を例に説明しよう。

あなたは〝ピアノの音〟と聞いて、どんな音をイメージするだろうか。特別に変わった音でなければ、〝ポローン〟というあの音を思い浮かべると思う。しかし実際には数えきれないほどのピアノの音がある。

ひと口にピアノといっても、メーカーが違えば違う音がするし、同じメーカーでもさまざまな種類のピアノがある。また、同じメーカー、同じ種類のピアノでも収録の仕方（録音場所、マイク、セッティング）によっても異なる。あまり知られていないが、ピアノの足についているキャスター（添付ファイル caster）の向きによっても音は変わるのだ。

このように数あるピアノの音のなかから、その曲にマッチした音色を選ぶことが作品のクオリティを押し上げる。たとえば、〝新しいピアノ音源は空気感も最高、減衰の音もきれいだから〟という理由で選んだりしてはいけないのだ。

回りくどい説明となってしまったが、曲にマッチした音色を選ぶことが重要だということは、そもそもその曲をどんな曲にしたいのか、それをハッキリさせておかなければならないということになる。この曲は〝誰も作ったことがないようなへヴィーな曲にしよう〟、〝穏やかな春を感じられる曲にしよう〟、〝語れないほどの深い悲しみを表現しよう〟など、どんな曲にしたいのかがハッキリしていなければ、一歩も前に進むことはできないのだ。

著名な彫刻家は、〝石のなかにその形はすでにあって、私はただそれを掘り出すだけだ〟と言うそうだが、音楽でもそれは同じだ。プロは作りたい音がすでに頭のなかにあるか、作りはじめて間もなく曲のイメージを描いている。それがあるからこそ、たとえば第2章で示したような多くのボイシングのなかから1つを選ぶことができるし、第3章で書いたカットオフフリケンシー（音の明るさ）のつまみの位置を決定できる。イメージがハッキリしているからこそプロの作品は、何を伝えたいのかがシンプルに伝わってくる。また、逆にいえばシンプルに伝わる作品を作ることができるからプロなのだ。制作にあたっては、どんな曲を作りたいか、それを明確にしておこう。

作品のクオリティの差は〝シンプルに伝わってくる（伝えられる）かどうか〟、実はその1点でしかないのだが、その1点が実に難しい。シンプルに伝えるための技は、シンプルとはほど遠く複雑なのだ。本書のすべての内容は、それをサポートするために書いたつもりだ。

あとがき

本書の前身となる『プロの音、プロの技』の出版から10年以上の月日が経った。パソコン関連の機材周りは大きく発展している。以前は高額だったエフェクターも手に入れやすい価格のプラグインソフトとして発表されているので、ご自分のシステムに組み込んで使っている人も多いと思う。そうした環境下であっても、なかなか良いサウンドが出せないと悩まれている方がこの本を手に取っているのではないだろうか。それでわかるのはプロのような音作りと機材とはあまり関係がないということだ。プロの音を出すのは機材ではなくスタンスとアプローチだ。それがあるからこそ、プロはどんな機材を使ってもプロの音を出すことができる。そのスタンスとアプローチを解き明かそうというのが本書である。本書がご自身の作品のクオリティアップにつながればとても光栄だ。

そこで1つ、私から提案したいことがある。曲の完コピだ。自分の好きな曲でいい。その曲を完コピするのだ。

ここでいう完コピとは、ただ音を楽譜にすることではない。すべてのパートの音取りはもちろん、演奏そのものをしっかりシミュレートし、音色も再現する。ボーカルまでは似せることができないかもしれないが、それ以外のパートはどっちがオリジナルかわからないくらいになるように完コピする。その過程のなかで、ベロシティなどはもちろん、アレンジの手法、音作り、ミキシングなどさまざまなスキルが要求されるだろう。そのときに本書のさまざまな内容が有用になってくるはずだ。

左図はこの手法で私が完コピしたものの一部だ。矢印のところがオリジナルのオーディオファイル、それ以外のところはそれをシミュレートした各パートだ。著作権の関係でお聞かせできないが、オリジナルと区別がつかないくらいまで完コピできるようになれば、音楽制作のさまざまなスキルも身につくというわけだ。

この方法は私が大変お世話になった音楽プロデューサーの故・坂田光則氏の教えによる。私の音楽は坂田氏の存在なくしてはありえない。ここに感謝と哀悼の意を表したいと思う。

また、株式会社スタイルノートの冨山さんには、いつも私のつたない文章を読みやすくするという大変な仕事をさせてしまっている。今回もその感謝はしきれない。

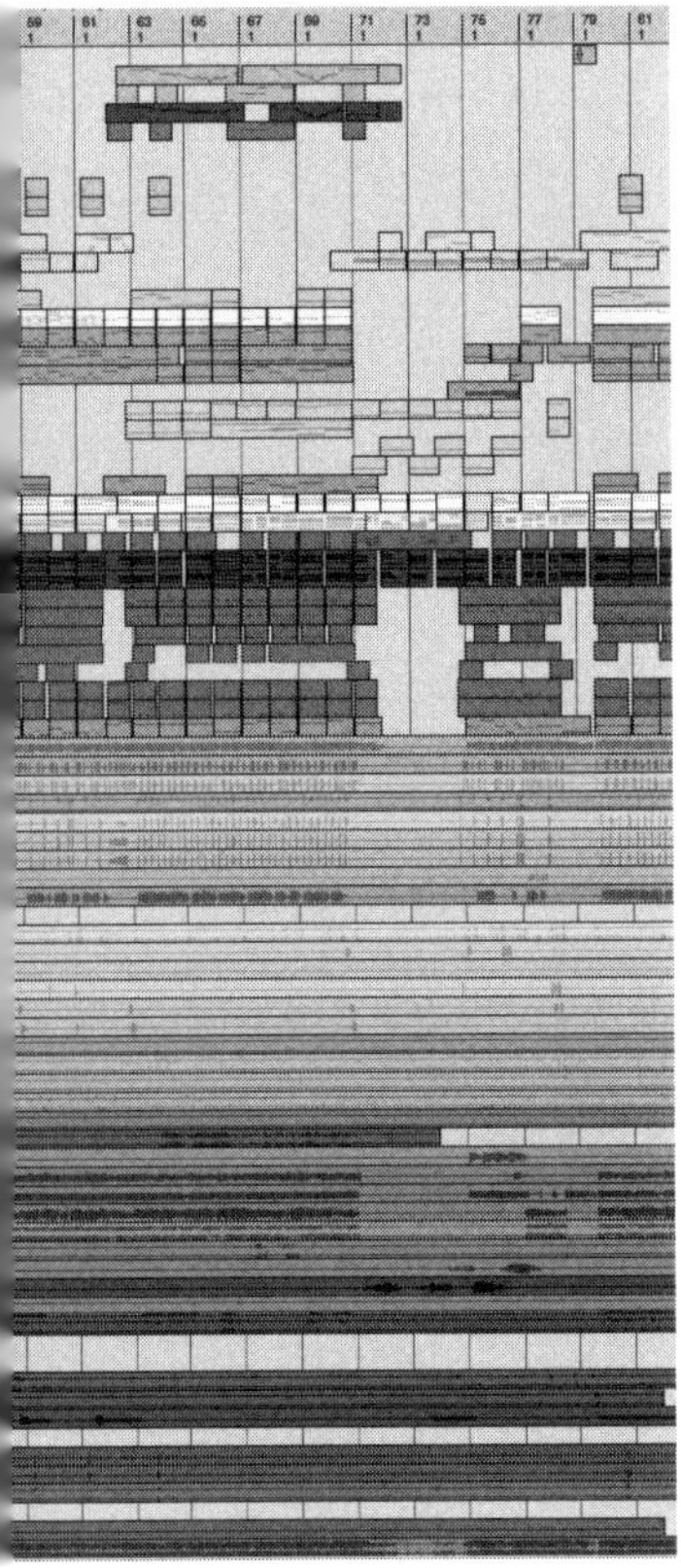

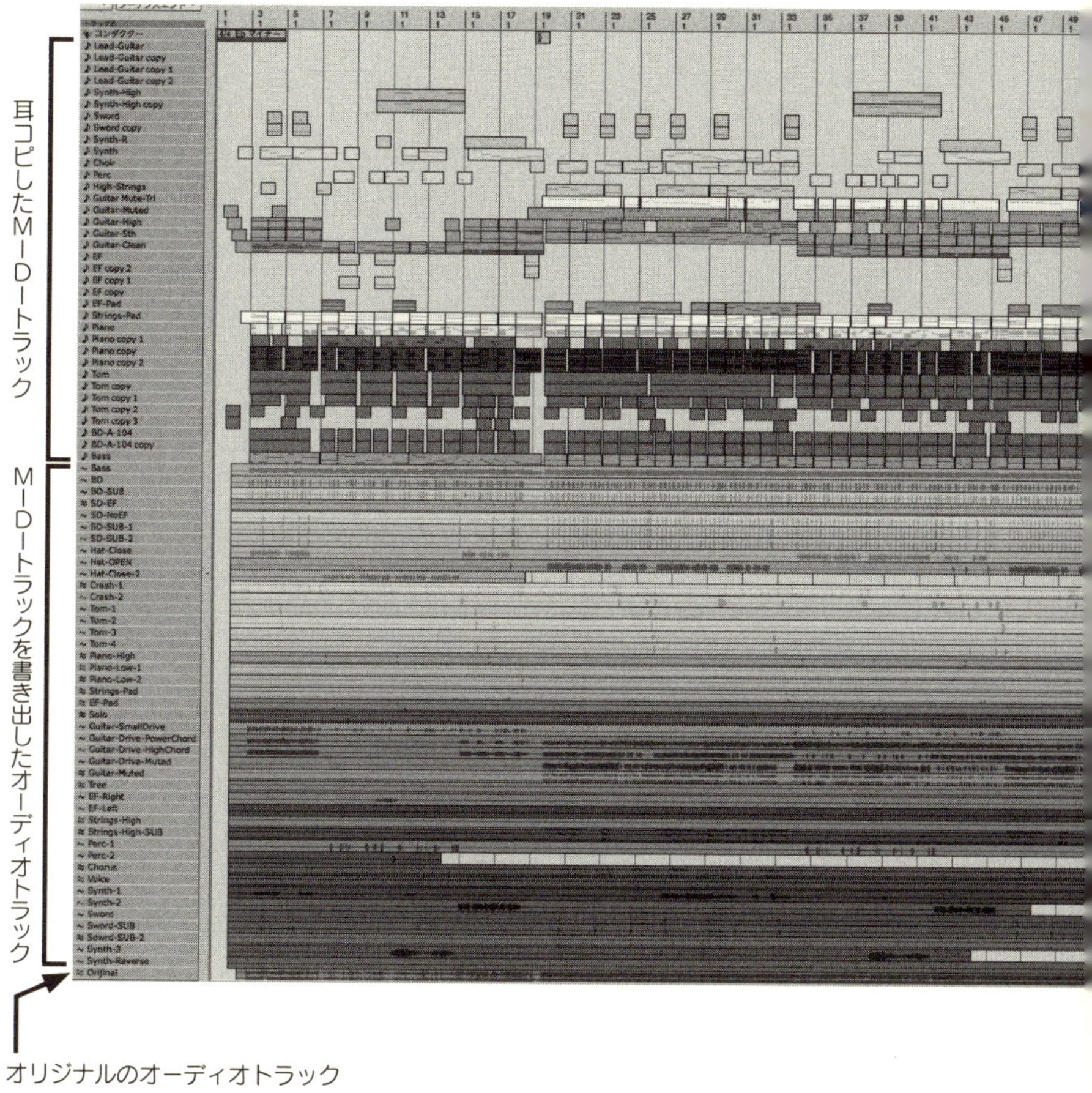
耳コピしたMIDIトラック
MIDIトラックを書き出したオーディオトラック
オリジナルのオーディオトラック
コンダクター
Lead-Guitar
Lead-Guitar copy
Lead-Guitar copy 1
Lead-Guitar copy 2
Synth-High
Synth-High copy
Sword
Sword copy
Synth-R
Synth
Choir
Perc
High-Strings
Guitar Mute-Tri
Guitar-Muted
Guitar-High
Guitar-5th
Guitar-Clean
EF
EF copy 2
EF copy 1
EF copy
EF-Pad
Strings-Pad
Piano
Piano copy 1
Piano copy
Piano copy 2
Tom
Tom copy
Tom copy 1
Tom copy 2
Tom copy 3
BD-A-104
BD-A-104 copy
Bass
Bass
BD
BD-SUB
SD-EF
SD-NoEF
BD-SUB-1
SD-SUB-2
Hat-Close
Hat-OPEN
Hat-Close-2
Crash-1
Crash-2
Tom-1
Tom-2
Tom-3
Tom-4
Piano-High
Piano-Low-1
Piano-Low-2
Strings-Pad
EF-Pad
Solo
Guitar-SmallDrive
Guitar-Drive-PowerChord
Guitar-Drive-HighChord
Guitar-Drive-Muted
Guitar-Muted
Tree
EF-Right
EF-Left
Strings-High
Strings-High-SUB
Perc-1
Perc-2
Chorus
Voice
Synth-1
Synth-2
Sword
Sword-SUB
Sowrd-SUB-2
Synth-3
Synth-Reverse
Orijinal

永野 光浩（ながの・みつひろ）
国立音楽大学作曲科卒。尚美学園短期大学講師、東京外国語大学アジア・アフリカ言語文化研究所共同研究プロジェクト研究員等を経て、現在、東海大学非常勤講師、八王子音楽院講師、国立音楽院講師。多くのテレビ番組のタイトル曲やCM 曲を創るほか、オフィスビルや商業施設などの環境音楽、航空機内環境音楽等を作曲している。また、多くの作品集も出している。
CD に、「究極の眠れる音楽」「クリスタルヒーリング」、「和カフェ」、「疲労解消のための音楽」「脳活性のための音楽～ぼんやり脳のススメ」（いずれも株式会社デラ）など多数。
著書に、「音を大きくする本」、「新・プロの音プロの技」、「DTM オーケストラサウンドの作り方」、「DTM トラック制作術」「耳コピ力《りょく》アップ術」「良い音の作り方」「耳コピが基礎からできるようになる本」（いずれもスタイルノート）など多数。
ホームページ：http://www2.odn.ne.jp/onken/

プロの音《おと》プロの技《わざ》・令和版《れいわばん》
――ホームスタジオ制作《せいさく》する人《ひと》みんなが知《し》っておきたい基礎知識《きそちしき》

発行日● 2019 年 11 月 10 日　第 1 刷

著　者●永野光浩《ながのみつひろ》
発行人●池田茂樹
発行所●株式会社スタイルノート
〒 185-0021
東京都国分寺市南町 2-17-9 ARTビル5F
電話 042-329-9288
E-Mail books@stylenote.co.jp
URL https://www.stylenote.co.jp/

装　丁●又吉るみ子
印　刷●シナノ印刷株式会社
製　本●シナノ印刷株式会社

ISBN978-4-7998-0178-9　C1073
